図解でよくわかる

施設園芸のきほん

中野明正［著］

作型から品種・施肥・温湿度管理・養液栽培・経営まで

誠文堂新光社

はじめに

施設園芸は、施設の中で園芸を行う農業の形態のひとつである。最もわかりやすい例が、ビニルハウスでの野菜生産ということになる。人類はその昔、森の中で生活をしていたが、風雨をしのぐ家を建てて住むようになった。雨風をしのぐことで、生活は多様化した。今も主食である米や麦などは、もっぱら風雨にさらされた状態で生産が営まれる。そして野菜のほとんどは、雨風にさらされた「露地」で栽培される。本書で取り上げる「施設」とは、安定した生産を達成するための風雨をしのぐ「家」ということになる。家にも「掘っ建て小屋」から、冷暖房完備の「豪邸」までバラエティーに富む。施設にも、いわゆる雨よけハウスから植物工場までいろいろある。どれが良いとか悪いとかではない。発展の歴史もあるし、それぞれ存在意義がある。世界を見渡せば、様々な施設園芸が多様に営まれ、それぞれの地域、レベルで、目的に合わせて発展している。

本書では、多様な施設園芸について、基本となる事柄について整理し、生産を行う前にぜひとも身につけておくべき「知識」について解説した。一方で、知識や理論を知っても、それを活用できなければ「持ち腐れ」である。そこで基本を学びつつ、実際の現場に適用できるように配慮した。実際、高度な環境制御で、生産性を通常の何倍にも増加させる事例が施設園芸では出てきている。一足飛びにそこに行くのは難しいが、まずは本書でその基礎の基礎をしっかりと固めれば、そこへの近道になる。

さらに、人工光植物工場や宇宙園芸など、施設園芸は未来の食料の安定生産や人類の生存圏の拡大にも貢献できる。そんな「夢を語れる生産体系」である。特に若い読者には、本書での学びを基礎として、新しい農業の形をデザインしていただきたい。施設園芸は、現実的かつ未来の夢も大いに語れる、そんな生産体系である。歴史に学び、科学に立脚しつつ、時代の風をとらえて、大胆に新しい施設園芸に踏み出していきたい。

中野明正

図解でよくわかる 施設園芸のきほん もくじ

歴史と現状

第1章▼施設園芸の歴史と現状

施設園芸とは

1 施設園芸の定義

施設園芸は、施設を活用した園芸作物の生産体系である。英語では、protected cultivation（直訳すると〝守られた耕作〟）、greenhouse horticulture（温室園芸）に相当する。前者の「守る」の意味は、構造物により園芸作物の苗から生産物までを、激変する自然環境から保護し、のびのびと育てるということである。関連する「施設」には、広くは園芸生産物の選別、貯蔵（選果・貯蔵・加工施設）、加工も含まれる。

栽培施設とは、作物を生育させる目的で建てられた構造物であり、一般的には「日射を透過する資材で被覆した構造物」ということになる。このような被覆資材にはガラスやプラスチックがあり、それぞれガラス室とかガラス温室（glasshouse）、プラスチックハウスとかビニルハウスと呼ばれている。施設園芸では、これらを総称して温室（greenhouse：グリーンハウス、グリンハウス）と呼ぶ。人工光を用いた育苗や栽培も増えた。底面をしっかりとコンクリートで固めた施設は、かつては生産面積に含まれなかったが、農地法の改正により農地として扱われるようになった。

スマートフードチェーンは、農産物を生産から消費者に届ける流通までを情報化により効率化するものであるが、施設園芸は一連の流れに深くかかわる生産体系である。

2 様々な生産方法と被覆資材

ハウスは、一般にはプラスチック

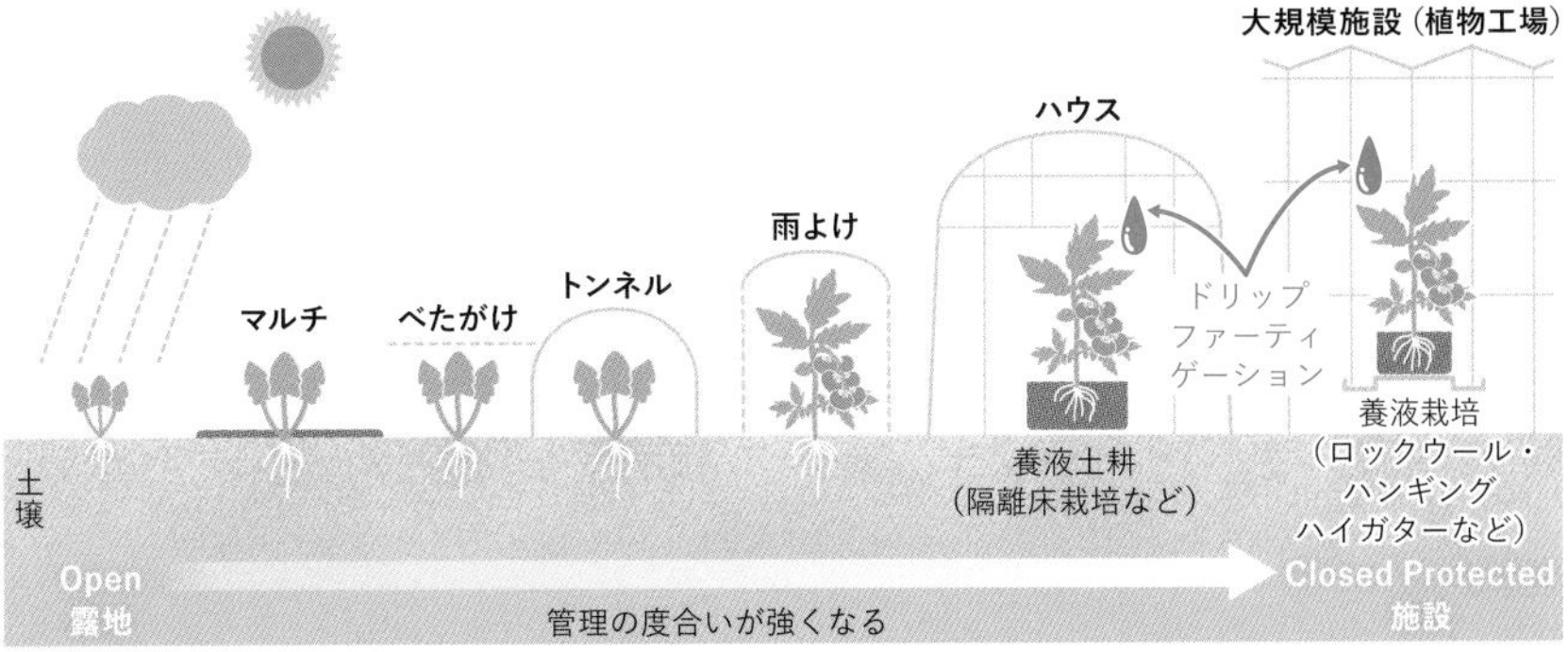

図１　様々な生産方法と施設生産の関係

ハウスの略称である。用途により育苗ハウスや栽培ハウスといい、濡れの防止を直接の目的とする雨よけ施設（rain shelter）とは区別される。つまり、施設には、温室、ハウス、雨よけ施設があり（図1）、これらは人が出入りする育苗・栽培のための構造物である。

トンネルは人の出入りを想定せず、もっぱら葉菜類の栽培や作物の生育初期に活用される。ベタっと植物にかける被覆法を「べたがけ」といい、これには直接植物の上にかける「じかがけ」、構造物で少し浮かせる「うきがけ」がある。被覆資材には、フィルム、ネット、不織布があり、保温、保湿、害虫抑制の効果が期待できる。

マルチは直接地面を被覆する。トンネル、べたがけ、マルチは露地で用いられるほか、施設内でも用いられる。

3　施設の環境制御により周年供給が可能に

野菜や果物には旬がある。50年前は、春はイチゴ、夏はキュウリ、秋はナシ、冬はハクサイなどと、季節に応じた農産物が生産された。このような旬は今でも露地野菜では維持されているが、施設では環境制御が進み、品目によっては周年供給が可能となった。同じ施設で連続して生産できるので、安定経営も実現した。

まず、１９５０年頃からのビニルハウスの普及により、雨による病害の抑制などで作期が延びた。次に暖房装置の導入で、冬での生産も可能となった。今や細霧冷房などによる

表１　園芸用施設の設置実面積および栽培延べ面積

（単位：ha）

ガラス室・ハウス計	**設置実面積**	野　菜	30,924
		花　き	6,062
		果　樹	5,179
		計	42,164
	栽培延べ面積	野　菜	42,489
		花　き	7,117
		果　樹	5,185
		計	54,791

ガラス室設置実面積	野　菜	764
	花　き	820
	果　樹	11
	計	1,595
ハウス設置実面積	野　菜	30,159
	花　き	5,242
	果　樹	5,168
	計	40,569

雨よけ施設設置実面積	野　菜	5,021
	花　き	642
	果　樹	4,720
	計	10,383

都道府県等からの情報をもとに推計したもの（農林水産省、2018）。

気化熱冷却や、ヒートポンプによる夏の夜間冷房技術も導入され、一年中、植物の生産が可能となる温度環境が維持できるようになった。

　表1に、園芸用施設の設置実面積および栽培延べ面積を示す。2018年（平成30年）の園芸用施設等の状況は、園芸用ガラス室およびハウスの設置実面積は4・2万haであり、同施設における栽培延べ面積は、野菜4・2万ha、花き0・7万ha、果樹0・5万haであった。

　用語や統計は時代によって変わるが、「施設」が新鮮な野菜を安定的に消費者に供給し、豊かな食生活に貢献することに変わりはない。

歴史と現状

施設園芸の歴史と推移

1 初物を珍重した風土と戦争による衰退

旬の野菜や果物をいち早く食べたいという思いは昔からある。そこで様々な「施設」を使って温めるのであるが、施設化技術の先駆けは、油紙障子による被覆や落ち葉などの発酵熱利用である。このような技術は、天正時代（１５７３～１５９１年）の京都のナス栽培で始まり、尾張や江戸のキュウリ栽培へと広がった。

明治中期には西欧からガラス温室が導入され、明治末期には豊橋（愛知県）でメロンやトマトの促成栽培に成功している。１９２３年の関東大震災を契機として、都市への農産物の安定供給のため、神奈川県、静岡県、愛知県等でガラス温室が建設されるなど、施設園芸が発達した。以前からあった油紙障子かけフレーム促成栽培も都市近郊や西南団地へと広まっていったが、この時点では一般国民というよりも、高級料亭や上流階級の食卓をにぎわす「不時栽培もの」であった。日中戦争（１９３７年）から第2次世界大戦終結（１９４５年）までは、ある種、贅沢品を生産する施設生産は国策により統制され衰退した。まずはヒトのエネルギーとなる穀類やイモ類に農業生産は重点化したからである。

2 施設生産の発展と社会情勢への対応

戦後の復興と合わせて、施設園芸は急成長を遂げた。特に１９５１年に農業ビニルが国産化されたのを契機に利用法が開発され、骨組み開発も木骨式、竹幌式から鉄骨連棟ハウスへと急速に進展した。施設栽培は資本・労働集約型の栽培として確固とした地位を確立していった（図2）。

次のステージは、１９６０年頃から盛んになった、より積極的な環境制御である。ハウス内施設は改良され、多重被覆による保温、暖房装置、潅水装置が導入された。この時、すでに養液栽培（礫耕）が実用化され、今につながる自動制御への実用化が日本でも開始された。その発展の概要をまとめると、「ハウス（ガラス

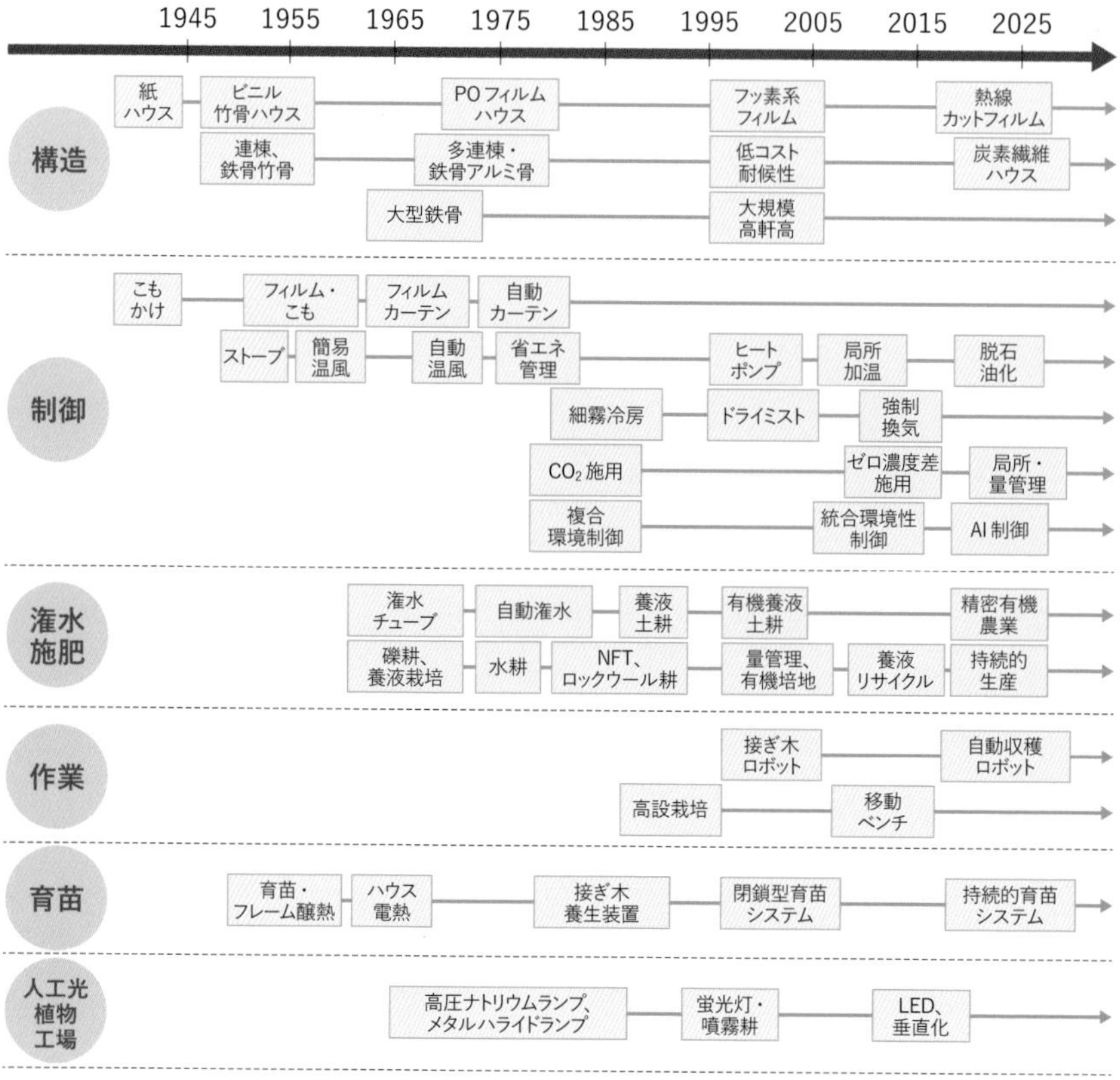

図２　施設園芸と植物工場の発展

温室とプラスチックハウス）と内部の諸施設および機械を包括して、これらによって地上部および根部環境を制御し、安定多収生産を実現するとともに、作業の省力化や作業者への配慮が可能となった生産体系」となる。このような流れのもと、今日まで技術開発が進められている。

　施設園芸は未だに発展の流れにあるが、被覆資材の生産や暖房に化石燃料を使うので、宿命上避けて通れないのが「エネルギー問題」である。１９７０年代の石油ショックにより技術の見直しを迫られた。１９９０年以降は輸入野菜が増加トレンドに入り、施設園芸を含めた野菜の生産力強化の必要性が増してきた。２０００年以降は加工業務用野菜の需要も伸び、海外依存を跳ね返すトレンドを施設生産が先導する必要がある。

歴史と現状

施設園芸の実態

1 園芸作物と施設園芸の重要性

野菜・果樹・花きといった園芸作物は、生産面では、我が国の農業産出額の約４割を占めるとともに、自らの工夫で高付加価値化しやすいことなどもあり、新規就農者の８割が選択する重要かつ魅力ある品目である。

また、消費面では、食料の支出金額に占める割合が最も高く、国民消費生活上、重要な品目である。そのため、消費者ニーズに応えるためには、施設園芸による周年安定供給が必須となる。実際、野菜は供給量の変動が価格に大きく影響するため、施設園芸により供給の安定化を図ることが国民の食生活を守る意味でも重要となる。

園芸作物では、野菜はもとより、果樹、花きでも施設栽培が行われており、特に野菜では日本の生産額に占めるシェアが概ね半分を占める。実際、施設野菜作の10ａ当たり所得（表２）を見ると、露地野菜作の約３倍となっている。施設生産は労働生産性が高く、小さい面積で収益を上げることが可能であることも生産者には魅力である。

表２　施設野菜作の10 a当たり所得

	粗収益（千円）	農業経営費（千円）	所得（千円）	労働時間（時間）
施設野菜作	1,207	701	505	367
露地野菜作	410	242	168	183
果樹作	511	306	205	208
稲作	108	85	23	32

2 施設園芸の実態

①野菜施設栽培の実態

日本の施設園芸は、野菜等の出荷期間を延長するため、ビニルトンネルや雨よけ施設から温室へ、さらには温室内の環境を高度に制御できる装置の導入へと発展した。しかし、実際は温室の設置面積4・2万haのうち、加温設備を備えた温室は40%、温度、湿度、光等の複数の環境を制御できる装置を備えた温室は3%しかない。一方で、天候に左右されずに、野菜等の安定供給を確保するためには、環境制御装置を導入した温室の割合を高め、生産性を向上させることは論を待たない。

日本では施設栽培がほとんどのトマトについて、平均収量の伸びは鈍い(10t/10a)。一方、オランダ(面積は日本の九州ぐらいだが、農産物輸出は世界2位)の収量は、養液栽培やCO_2施用の普及により、1980年代から急増し高水準(50t/10a)にある。日本でもオランダに匹敵する実証施設が出てきたが、技術の横展開で底上げを図る。また、エネルギー・労働生産性でもオランダに追いつく必要がある。

②花き栽培の実態

1960年の花き産出額は約100億円であったが、2018年には約3000億円になった。これには露地栽培に比べて、高品質、安定生産が可能で、作期の拡大が可能な施設生産の貢献が大きい。バラ、カーネーション、トルコギキョウは、ほぼすべてが施設栽培化されている。また、輪ギクやスプレーギクの施設化率も約8割と高く、安定生産に貢献している。

花きの施設は簡易なビニルハウスだけでなく、地上部および地下部の環境調節や自動防除装置を装備した高度化施設の普及も図られている。快適な作業環境により専作化が進み、規模拡大が進み、経営が安定した企業体も出てきている。

③果樹栽培の実態

果樹の露地栽培の減少に比べ、1980年以降も施設栽培は堅調に増加してきたが、近年は停滞気味である。ハウスが7000ha、雨よけが6000haである。施設では、①早期出荷、②糖度向上、③裂果防止、④病害防除のメリットが大きい。

施設では、ブドウ(6000ha)、オウトウ(3000ha)、カンキツ(1000ha)がメジャーである。一般に果樹は樹体が大きく強い光が必要なので、高度な環境制御型の施設生産には向いていない。ブルーベリーなどの小果樹では研究が進んでいるが、実用化には至っていないのが現状である。

図3に、野菜・花き・果樹それぞれの施設生産の外観、主な品目と栽培方法の例を示す。

左側は施設生産の外観、右側はその内部。品目により様々な工夫がされている。

図３　施設園芸の実態

歴史と現状

施設園芸を理解するための数字と単位

1 数字で理解を深めるために

「これからの農業はスマート農業で、データが重要だ」と、よくいわれる。かみ砕くと、「感覚ではなく常に数字で議論する」ということだ。ここでは、今から述べる技術論の基礎として、数字の扱いについて述べるが、重要となるのが「単位」である。1kgなのか、1gなのか、数字につく単位が重要であり、単位に対する共通理解が重要である。得られた結果についての意思疎通を滑らかにする意味でも、単位のついた数字の扱いを学ぶ必要がある。

施設生産で扱う単位について、ポイントを整理しておく。例えば、収量は面積当たりの収穫量、つまり収量を面積で割り算した値となるが、表現法としては、スラッシュ（／）や上付き文字を使う。100kg／㎡であり、100kg・m^{-2}とも表現できる。

まず、物理の単位から述べる。国際単位系では、長さはm（メートル）、重さはkg（キログラム）、時間はs（秒）を使うことを基本とする。面積では、日本では10a（アール）当たりの収量で示すことが多い。1aは10m×10m（100㎡）である。農林水産省などが出している統計数値では、ha（ヘクタール：100m×100m＝10000㎡）で表記することが多い。

日射については太陽からの放射の一部であるが、時間当たり、面積当たりの放射エネルギーを放射束といい、単位は、W・m^{-2}である。日射束は東京の夏における晴天時の正午で1000W・m^{-2}となる。

水ポテンシャルは、水が持つエネルギー状態を純水を基準（ゼロ）として圧力の単位Pa（パスカル）で表す。乾燥すればするほど低い値（マイナス）になる。植物が萎れを起こす目安としての培地の水ポテンシャルはマイナス0・6MPaである。水が植物から0・6MPaの圧力で引っ張られていることに相当し、「初期萎凋点」と呼ばれる。さらに乾燥して、萎れが回復しない水ポテンシャルはマイナス1・5MPaであり、「永久萎凋点」と呼ばれる。それぞれ、昔用いられていたbarではマイナス6barとマイナス15bar、pFでは3・8および4・2となる。

化学の単位については第8章「養液栽培」の項目で、生物の単位については第9章・第10章「地上部環境制御」の「光」と「CO_2」の項目で詳しく述べる。

2 トマトの収量で考えてみると

トマトで100t/10a/年は、100kg/㎡/年に相当する。つまり、目の前の1㎡の面積で1年間に100kgが採れるというイメージがわく。一般にトマトの栽植密度は、2000本/10aであるので、同じように考えると2本/㎡である。1年間に1本のトマトから50kgの果実が採れることになる。労務管理をする場合は、1週間で管理することが多いので、大まかに1年は50週と考えてもよい。そうすると、毎週1kgのトマトが1株から採れる、トマト果実1つが150gとすると、毎日1株から1つのトマトが採れる、そんな具体的なイメージがわいてくる。

図4に生産性を定量化するための基本的な考え方と要素、図5に施設生産性に関連する栽植に関する用語と栽植密度の計算の例を示す。

重さと、面積と、時間を意識するだけで、技術の改善が定量的に評価できるようになる。まずは、このように、生物の生産性を「単位をつけて定量的に評価する」という意識を持つだけでも、収量の増加につながる。また、数字は単位を明確に正確に記すことにより、誤解なく相互理解が進む手助けとなる。

生産性には、いくつかの考え方がある。一定時間にどれだけ生産できるかが基本的な考え方である。それには「施設生産性」を上げたり、「施設整備率」を上げたりする戦略がある。これらの部分が定量化されないと論議できない。

図4　生産性を定量化するための基本的な考え方と要素

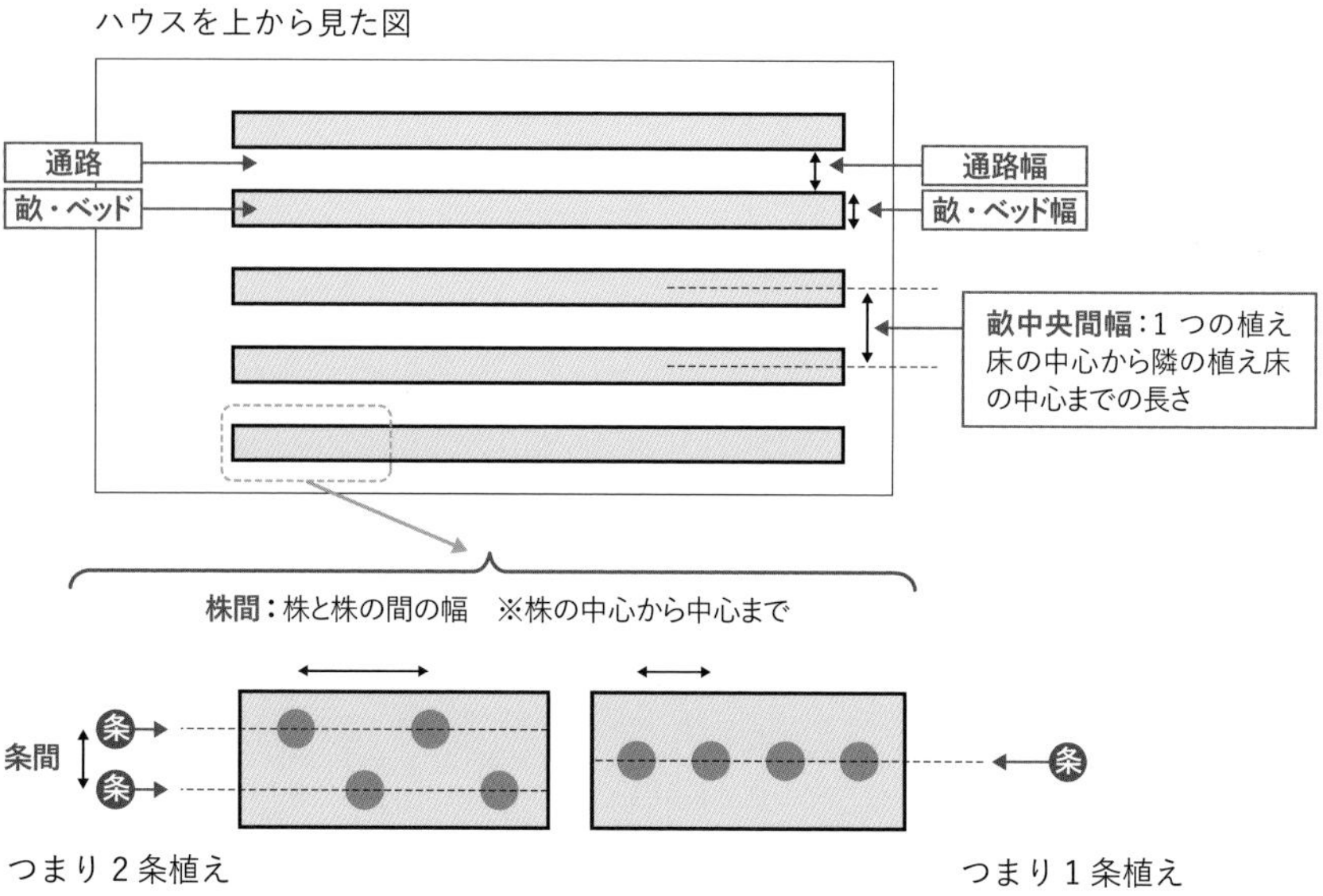

$$栽植密度（株／m^2）= \frac{1}{株間（m）\times 畝中央間幅（m）}$$

例1：1条植えで、株間0.3mで畝縦幅1.6mとすると、0.3×1.6＝2株/m²

例2：2条植えで、株間0.3mで畝縦幅1.6mとすると、0.6/2×1.6＝2株/m²

図5　作物の栽植に関する用語と栽植密度の計算の例

復習クイズ

第1問　トマト1個（100g）を100円で販売したとして、年間1,000万円売り上げるには、10aの施設があった場合、そこで何t収穫する必要があるか？

第2問　日本のトマト生産は年間70万tである。年間10t生産する農家が何軒必要か？

第3問　トマトの消費量を増加させるにはどうしたらよいか？　具体的な方法を3つ提案しなさい。

（クイズの解答例は152ページ）

※本文中、色文字で記した用語の解説は159ページ参照。

COLUMN

SDGsと施設生産

持続可能な開発目標（SDGs：Sustainable Development Goals）とは、2030年までに実現する17のゴール・169のターゲットから構成され、世界全体で取り組むべき普遍的かつ極めて志の高い、そしてチャレンジングな目標である。このような国際的な合意が得られたのは、今着手しなければ取り返しのつかない状況に地球全体が陥ってしまうという危機感からである。農業や施設生産は、「2. 飢餓をゼロに」「3. すべての人に健康と福祉を」「7. エネルギーをみんなに そしてクリーンに」に貢献できる。

現状、施設生産は、集約的に様々な化石燃料や資源を利用してはいるが、環境を汚染しつつ生産をしていると言わざるを得ない。しかし、ポテンシャルとしてはは最も持続的になりうる生産体系であることも事実だろう。実際、オランダでは収量はもとより、エネルギー効率をここ50年で7倍に増加させている（斎藤、2012）。

持続的な生産を達成するには、単に生産量を追うだけではなく、エネルギー当たりの生産性、さらにいうならばLCA（ライフサイクルアセスメント：製品等のライフサイクル全体＜資源採取―原料生産―製品生産―流通・消費―廃棄・リサイクル＞の環境負荷を定量的に評価する手法）も評価するべきだろう。

例えば、このトマト100gは、その昔、化石燃料を100mL消費して作られていたが、「今やトマト100gを作るのに、化石燃料の直接的な消費はゼロであり、肥料は100％再生資源由来、CO_2と熱エネルギーも100％工業分野などの本来廃棄される物質由来」。そういうトマトが生産されることを目指したい。

経営・管理

第2章 ▼ 経営と管理のきほん

生産コストとは

1 トマト1つにかかる経費から

トマト1個100円。これはスーパーで実際に買う時の値段である（図1）。トマトが市場で買われる値段（仕入れ単価）は1つ50円である。この50円のうち、生産者には35円が振り込まれ、15円は選果、段ボール代、運賃など流通経費になる。生産者に振り込まれる35円のうち、例えば収穫のためのパート従業員の費用である人件費、暖房のための光燃費、ハウスなど施設の減価償却費で30円が使われ、農家の収益は5円となる。これらの割合は状況によって異なるもので、実際のデータではなくイメージである。

この構造を見ると、まず販売単価が高いということは経営にとって極めて重要であることがわかる。安全性、信頼性、機能性から得られる農産物の付加価値は大きく、消費者への訴求性から倍以上の差別化販売が実施されている例もある。経営上、その農産物の価値を認めてくれる販路の開拓は重要である。次に生産部分のコスト面を細かく見てみる。

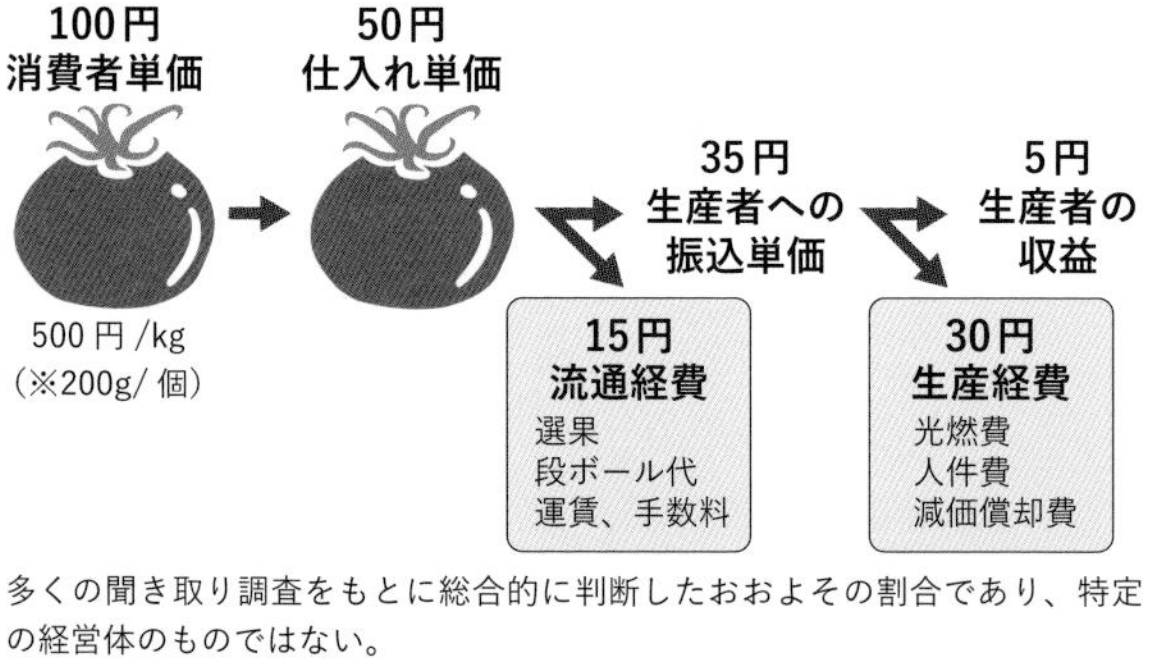

多くの聞き取り調査をもとに総合的に判断したおおよその割合であり、特定の経営体のものではない。

図1　トマトの価格から遡る収益構造のイメージ

2 生産経費の構成

前記での30円の部分がもっぱら生産面でかかるコストである。35円のうち、このコストをいかに低く抑えるかが、特に施設園芸では重要になる。まず、経費の大まかな構造は、①光熱費等（装置にかかる電気代、暖房用の燃料代、水道料金等）、②人件費、③減価償却費（施設を建てる時に必要な経費を耐用年数で分割した経費）の3つである。施設栽培の範疇である、人工光型植物工場と、施設生産の延長線上で発展した太陽光利用型植物工場で、これらの構成に特徴がある（図2）。

光熱費　人工光型の場合は、生産全体で人工光を用いるため、その経費が高額になる。また、空調や人工光型でよく用いられる湛液水耕における循環ポンプの動力費用も高額になる。一方で、太陽光利用型では、人工光型に比べて全体的に光熱費の割合は少なくなるが、暖房を用いる冬季や、冷房を用いる夏季には光熱費が高くなる。つまり、変動幅は太陽光利用型の方が大きい。

人件費　どのような割合で正社員を雇用するのか、障がい者雇用など経営理念（経営者の価値観）によっても大きく変動する。規模にもよるが、人工光型では5〜10名程度、太陽光利用型では10〜20名程度の人員で運営される事例が多いようだ。

減価償却費　導入した設備の大きさや機能（仕様）によって大きく変動する。特に人工光型では栽培装置のイニシャルコストが高額となる例が多数見られる。共通していえることだが、過剰投資にならないように適切な機器を導入することだ。キャッシュ・フローを最適に管理し、短期間でいかに効率良く借入金の返済を実施していくかが、経営を軌道に乗せ、持続化する上でキーとなる。

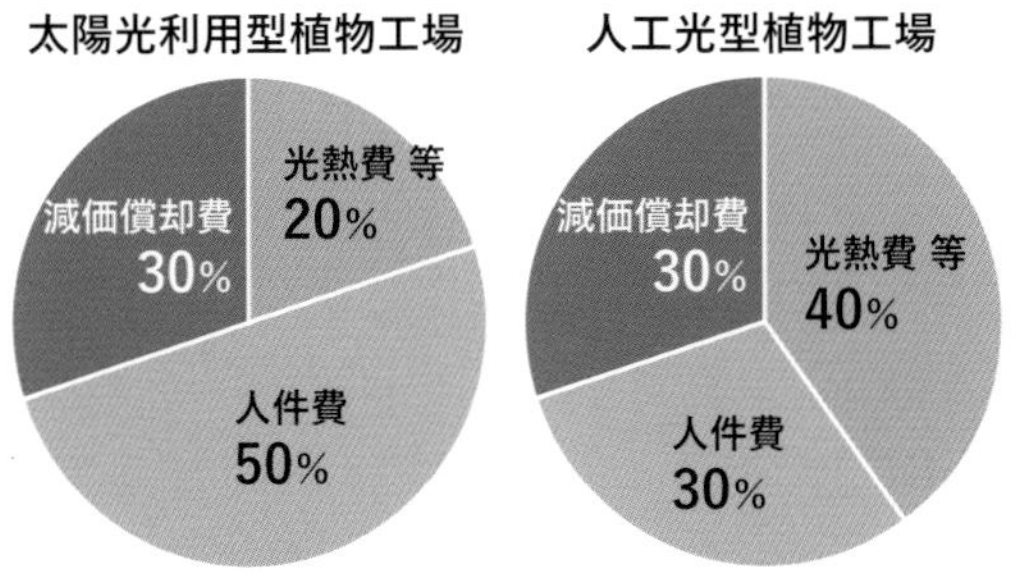

主要3経費のみを比較した場合の割合。多くの聞き取り調査をもとに総合的に判断したおおよその割合であり、特定の経営体のものではない。

図2　植物工場のコスト割合の例

経営・管理

経営の戦略

1 どのような商品を販売するのか

前項の100円のトマトの例では、より現実に近い形で生産をイメージした。一方で、利益構造から考えた場合、販売価格を上げる戦略が重要である。実際、高糖度トマトなどでは、1つ200円で売られる例もある。つまり工夫次第では、現状にない付加価値で売り上げを高めることが可能ということである。ここでも具体的にトマトの事例で戦略を考えてみたい。多くの野菜はこの応用問題で、どのような付加価値が今後求められるのか、知恵を絞って考えていただきたい。

まず理解していただきたいのは、基本的に生産ではトレードオフの関係があるということである。

図3は、大玉トマトの年間収量と糖度との関係を示している。

トマトの生産と品質に関して、多くの研究所などのデータを総合的に見ると、高品質のものを大量に生産する手法はない、ということである。つまり、現状では50t／10aの収量を上げようとすれば、糖度は4程度であり、これは1つ100円のモデルである。

一方で、1つのトマトが200円で売れる（重量当たりでは3～4倍

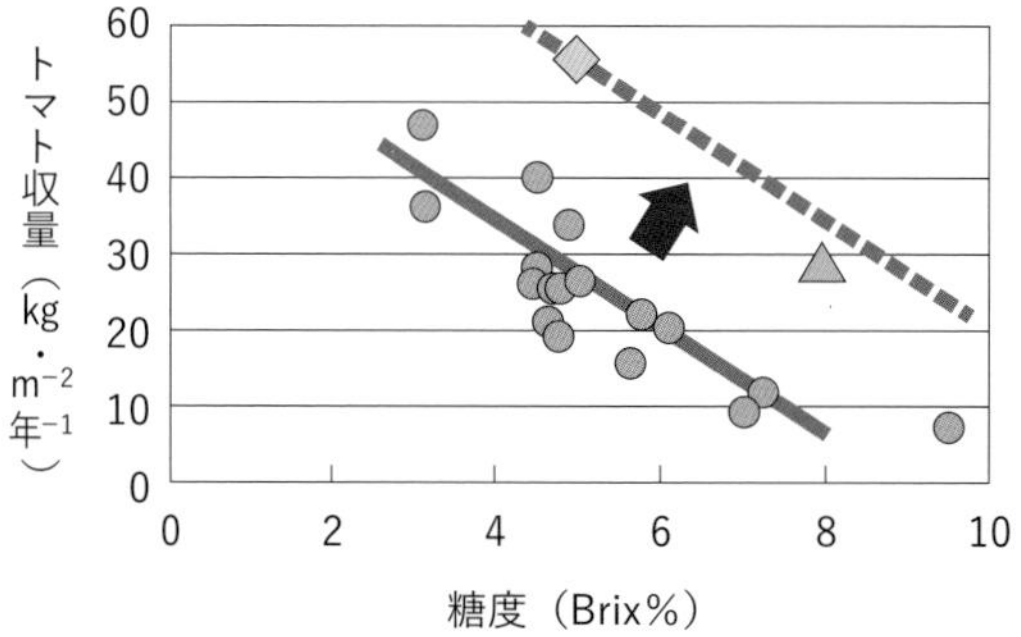

◇：SIP※等における実証値（139ページ参照）
△：輸出型植物工場における実証値（140ページ参照）
※SIP：政府が行う戦略的イノベーション創造プログラム（Cross-ministerial Strategic Innovation Promotion Program）。

農研機構、兵庫県、石川県、および聞き取り調査などの収量および糖度のデータから、低段の場合は周年生産を想定して再計算してプロットした。

図3　大玉トマトの年間収量と糖度との関係

になる）ような場合、例えば糖度が9を超える高糖度トマトでは10t／10aしか採れない。収量が数分の1になって、売値が4倍になるわけであるが、どの部分を選択するのかが販売の経営戦略になる。もちろん以下に述べる短期の市場トレンド、つまり高い時期に確実に出せるかということも重要になる。

ちなみに価格の下振れリスクに対しては、価格安定制度などのセーフティーネットが行政的には整備されている。

2 市場のトレンドを読む

①トマトの市場価格

東京中央卸売市場のトマト全体の価格（2018年）は平均447円／kgである（表1）。入荷量が増える3～4月から低下し始めて6月に最安値、その後9～10月に高値となる。市場は基本、入荷量が増えると価格が下がる。トマトの輸入品は圧倒的に加工品が多いが、2012年をピークに漸減基調にある。

日本でのトマトの1人当たりの年間購入量は、いわゆるトマトブームの影響もあって、2011年頃から増加傾向にあり、最近でも4kg程度の比較的安定した消費がある。世界的に見ればまだ消費は少ない方であり、伸びしろはある。

②イチゴの市場価格

東京中央卸売市場のイチゴの価格（2018年）は平均1363円／kgである（表1）。入荷量が増える1月から低下して4～5月に底値となり、7～10月にかけて上昇する。イチゴの輸入量は約3万tで、その9割が冷凍イチゴである。生鮮のイチゴの輸入先はアメリカであり、入荷が極端に少ない夏場に業務用需要として輸入される。

一方、冷凍イチゴの輸入先は中国が多かったが、チリ、エジプト、アメリカのものが増加している。逆に日本からのイチゴの輸出も増加傾向にあり、2017年には1000tを伺う勢いである。

日本での消費は0・75kg／人／年（2018年、表1）と近年低下傾向にあり、これは10年前からのトレンドでも3割程度の減少になる。イチゴは老若男女に人気がある品目であり、消費はもっと伸びるはずである。

③長期トレンド

トマトでいえば、ミニトマトのト

レンドに象徴されるように「簡便化する消費」である。洗わないで食べられる野菜とか、セットになっているサラダの消費は堅調に伸びていることからも、「簡便化」のトレンドはポストコロナで加速化される長期トレンドのひとつであろう。

表1　トマトとイチゴの生産、流通、消費、輸入の実態とトレンド（2018年）

トマト

分類	部門	2018年	トレンド注1
産出額		2,367億円	124%
生産	作付面積	1.18万ha	94%
	収量	6.1t/10a	105%
	出荷量	65.7万t	101%
流通注2	入荷量	10.5万t	108%
	単価	447円/kg	125%
	販売金額	468億円	136%
消費	購入数量	3.95kg	109%
	支出金額	2,733円	135%
輸入	輸入量	27万t	118%
	輸入単価	131円/kg	125%
	輸入金額	354億円	147%

注1：2004～2008年の平均値に対する2014～2018年の平均値の相対値
注2：東京都中央卸売市場の値

イチゴ

分類	部門	2018年	トレンド注1
産出額		1,774億円	102%
生産	作付面積	0.54万ha	80%
	収量	3.1t/10a	105%
	出荷量	14.8万t	84%
流通注2	入荷量	2.4万t	85%
	単価	1,363円/kg	118%
	販売金額	326億円	101%
消費	購入数量	0.75kg	73%
	支出金額	1,089円	88%
輸入	輸入量	3.7万t	107%
	輸入単価	376円/kg	134%
	輸入金額	140億円	143%

注1：2004～2008年の平均値に対する2014～2018年の平均値の相対値
注2：東京都中央卸売市場の値

経営・管理

経営評価と生産・労務管理

1 経営評価のポイント

ここまで生産の現状と大きなトレンドがつかめたところで、徐々に実際の経営事例に踏み込んでいく。本項では、実際の生産規模が違うと、経営がどのように違うのかについて、さらにイメージを膨らませていただきたい。

表2は、トマトの経営規模別経営成果を示している。左が0・3haモデルであり、右が1haモデルである。現状、経営の大半は0・3ha以下が占めるが、1ha以上の大規模経営法人も増加している（迫田、2015）。

経営全体で見ると、売上額自体は4000㎡未満（中小規模施設）で約2000万円、8000㎡以上（大規模施設）で約5000万円であり、面積と売り上げはほぼ比例している。

大規模施設の費目では「労務費・人件費」の割合が高い（表2）。利益率は概ね30%である。

現状としては、大規模施設のすべてが、スケールメリットによるコストダウンを達成できているとは言い難い。一方で、以下に述べるような経営管理をしっかりと実施して、効率化が図られている経営体も多数現れている。

2 生産管理と労務管理でPDCAを回す

①植物の生産管理でのPDCA

イノチオホールディングス（株）では、植物にとって快適な環境を一年中保つため、温風暖房機、ヒートポンプ、炭酸ガス供給装置、パッド&ファン、ミスト、循環型養液システム等を装備し、これらの機器を複合環境制御システムにより集中管理を実施して、国産大玉トマト50t／10a／年（2014年）を10a規模で実証している。

目標達成に重要な役割を果たしたのが、「週単位PDCA管理」（図4）である。管理のベースとして図中の項目を計測している。環境データは複合環境制御システムによる管理に反映され、植物の生育に最適な環境

表2　トマトの経営規模別経営成果

	0.3ha モデル		1ha モデル		備考
栽培面積（m^2）	2,943		10,732		約 0.3ha と約 1ha
売上高（万円）	1,911		4,967		推定値 0.3ha：10kg/m^2、650円/kg 1ha：15kg/m^2、300円/kg
営業費用（万円）	1,294	営業費用に占める割合（%）	3,503	営業費用に占める割合（%）	営業経費＝ 材料費＋それ以外の経費
材料費（万円）	406	31.4	1,091	31.1	
種苗費	73	5.6	157	4.5	
肥料費	82	6.4	235	6.7	
農薬・衛生費	52	4.0	135	3.8	
諸材料費	110	8.5	424	12.1	
修繕費	48	3.7	87	2.5	
その他	40	3.1	54	1.5	
労務費・人件費	96	7.4	532	15.2	材料費以外の経費 0.3ha：888 万円 1ha：2,412 万円
燃料動力費	218	16.8	516	14.7	
賃借料・リース料	50	3.8	192	5.5	
減価償却費	183	14.1	315	9.0	
租税公課	37	2.9	168	4.8	
販売手数料	16	1.3	28	0.8	
その他費用	289	22.3	661	18.9	
営業利益（万円）	617		1,464		売り上げ高－営業費用
営業利益率（%）	32.3		29.5		営業利益 / 売上高

を維持している。生育データは樹勢や栄養／生殖成長のバランスの適正性の指標にしている。このように、あらかじめ設定した管理方法（P）どおりに管理を実施し（D）、環境・生育・収量を計測・評価（C）することで、当初設定した管理方法を調整・最適化（A）するというサイクルを、1週間単位で実施している（図4）。

②労務管理でのPDCA

大規模園芸施設における作業計画と進捗管理は、作物生産の根幹である。それが適切に実施されていない場合、いかに優れた栽培技術を持っていたとしても、また高精度な環境調節機器を導入していたとしても、経営上、満足な収量や品質、ひいては収益を上げることができない（大山ら、2018）。

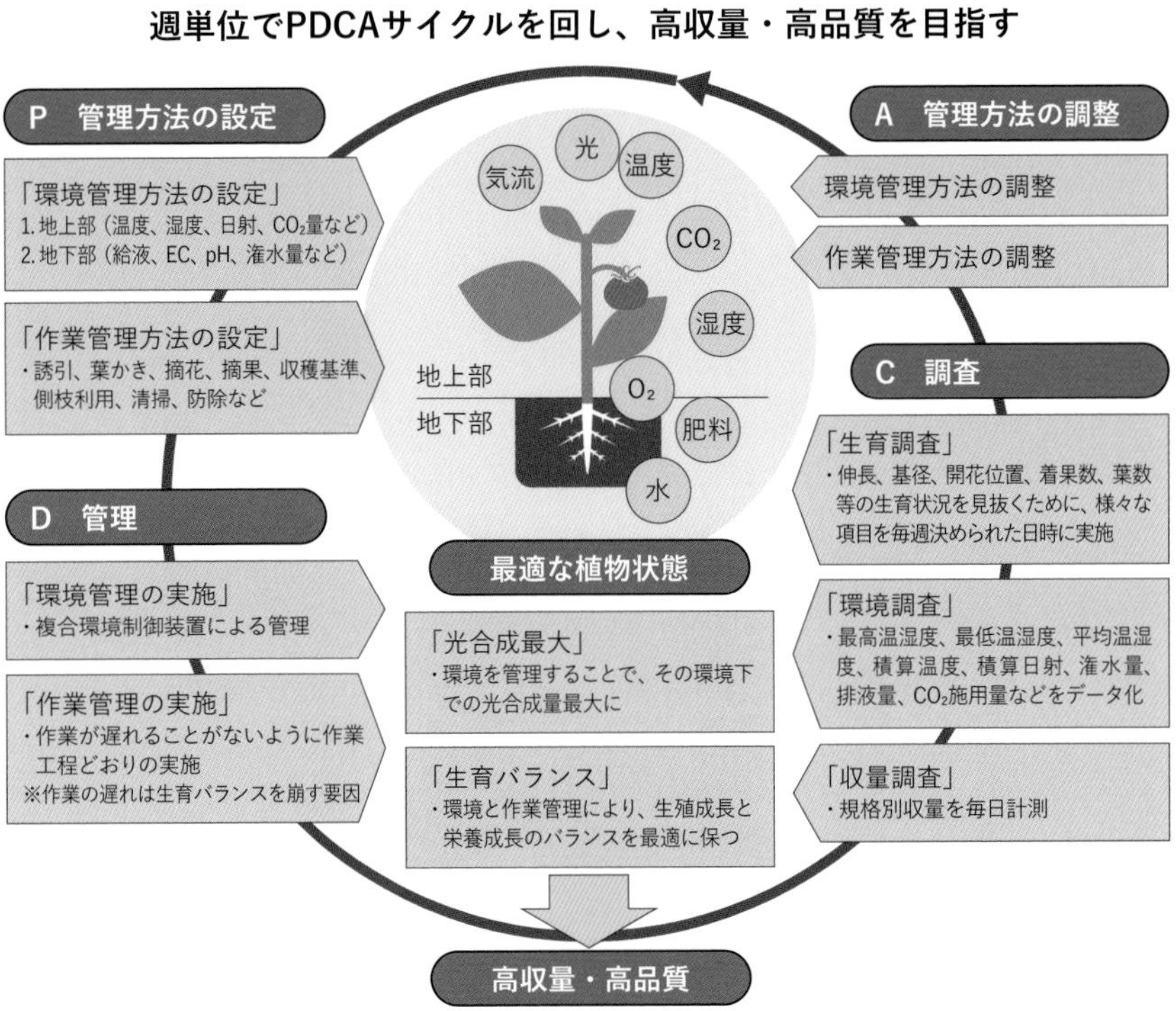
週単位でPDCAサイクルを回し、高収量・高品質を目指す
P　管理方法の設定
「環境管理方法の設定」
1. 地上部（温度、湿度、日射、CO₂量など）
2. 地下部（給液、EC、pH、潅水量など）
「作業管理方法の設定」
・誘引、葉かき、摘花、摘果、収穫基準、側枝利用、清掃、防除など
D　管理
「環境管理の実施」
・複合環境制御装置による管理
「作業管理の実施」
・作業が遅れることがないように作業工程どおりの実施
※作業の遅れは生育バランスを崩す要因
光
気流
温度
CO₂
湿度
O₂
肥料
水
地上部
地下部
最適な植物状態
「光合成最大」
・環境を管理することで、その環境下での光合成量最大に
「生育バランス」
・環境と作業管理により、生殖成長と栄養成長のバランスを最適に保つ
高収量・高品質
A　管理方法の調整
環境管理方法の調整
作業管理方法の調整
C　調査
「生育調査」
・伸長、茎径、開花位置、着果数、葉数等の生育状況を見抜くために、様々な項目を毎週決められた日時に実施
「環境調査」
・最高温湿度、最低温湿度、平均温湿度、積算温度、積算日射、潅水量、排液量、CO₂施用量などをデータ化
「収量調査」
・規格別収量を毎日計測

毎週、施設の運営状況を把握する。計画・実行し、きちんと生産されていたかチェックして、改善する。さらに、どのような商品が今後売れるのか経営センスも磨く必要がある。

図４　生産から販売まで経営センスを磨く

その実現のためには、組織体制の構築や人的資源管理も重要である。これまであまり注目されてこなかった部分ではあるが、施設規模が大きく（ヘクタール規模に）なった場合には、十分に留意しなければならない。そして、これらの体制が構築されて初めてＰＤＣＡが回り出し、不断の改善により生産性が向上していく。施設生産は、ややもすると環境制御などの技術論が先行しがちであるが、雇用労働力の導入、ひいてはロボットの導入なども視野に入れるべき生産形態が施設園芸である。そのため５Ｓなどにも配慮した労務管理の体制を構築し、ＰＤＣＡを回し改善するという考え方が極めて重要になる。

次項では、労務管理の具体例に踏み込みたい。

経営・管理

労務管理のポイント

1 作業計画と進捗管理の概要

作業計画と進捗管理に着目する。例として、図5に大規模園芸施設における作業計画と進捗管理に関するフローチャートを示す（大山ら、2018）。一般的に、まず作物の栽培計画を立案する。例えば、長期（大日程）、中期（中日程）、短期（小日程）の計画を立案する。続いて短期計画に基づいて作業指示を出す流れとなる。

作業指示を受けた現場の作業者（パート従業員など）は、その内容に即した作業を実施する。作業終了後、管理者（農場長など）は作業を実施した場所や、かかった時間などを記録し、集計および評価する。作業の進捗状況や作物の生育状況など、評価結果に応じて計画は修正または改善される。そして、修正または改善された計画に基づいて、再度パート従業員等に作業指示を出すという流れである。

このサイクルは、栽培が終了するまで継続する。

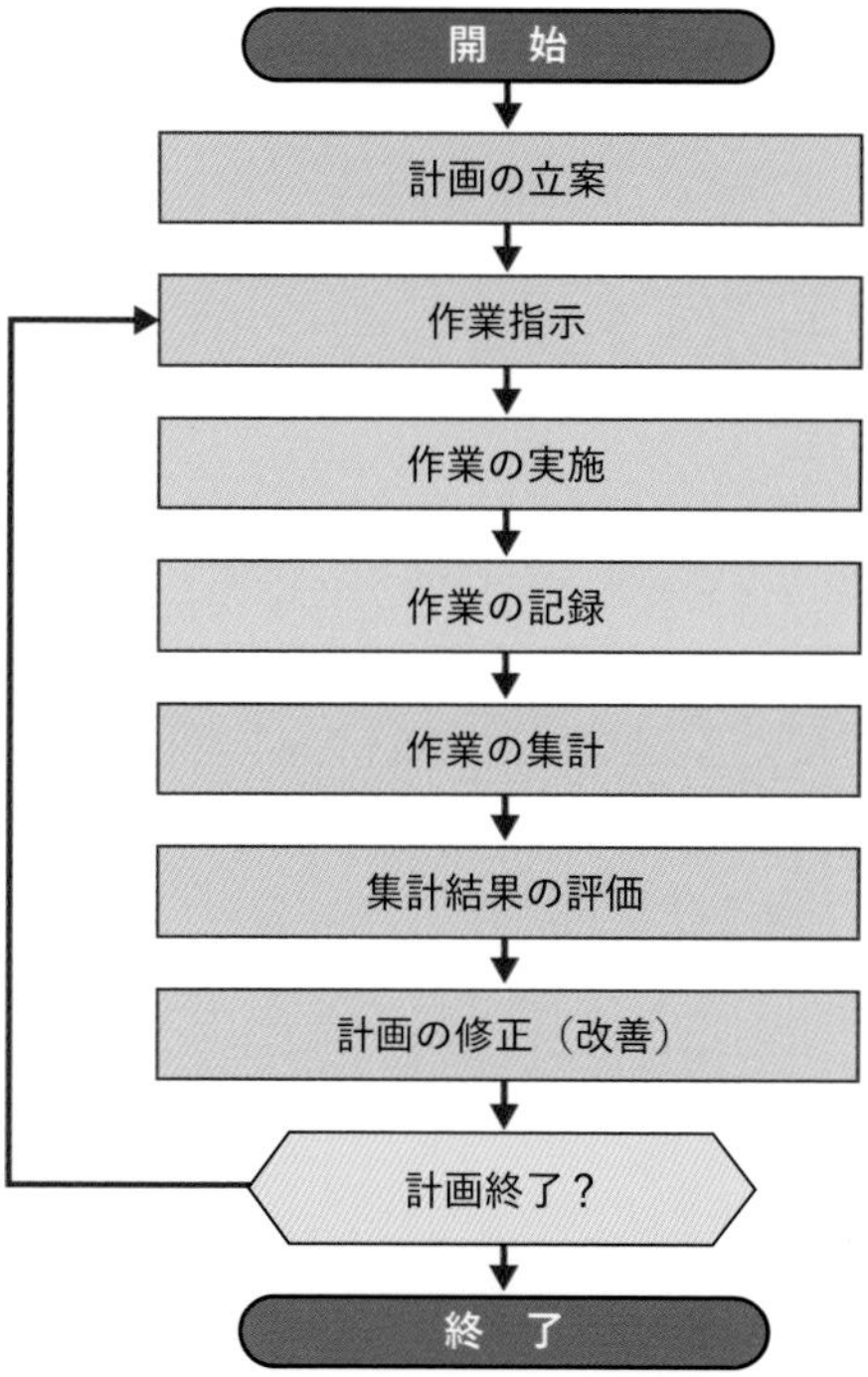

一般的に、水色の部分は管理者（例えば農場長）が、緑色の部分はパート従業員がそれぞれ実施する。

図5　施設栽培における作業計画と管理の実施を示すフローチャートの例

2 作業計画と進捗管理の実際

①作業計画の立案

前記では、長期、中期、短期といったが、具体的には長期は年間計画に相当する。それに基づいて中期の月間計画、短期は週間計画ということになるだろう。年間計画では、トマトでは、週単位で定植、整枝、収穫などの比較的大まかな作業が計画されることが多い。年間計画を立案しても計画どおりにいかない場合が多いため、年間の計画は立てずに、2ヵ月ごとの計画を立案する場合も多い。いずれにしても、経営の実態に合わせて計画を作ればよいが、長期的な方向性を見出すためには、少なくとも2ヵ月以上を見渡した計画は必要である。

②具体的な作業の指示

「作業指示」は、管理者の意図を具体的に、作業者であるパート従業員に伝達する。一般的には、ホワイトボードなどを活用した掲示によりなされる場合が多い（図6）。その場合、朝礼などを利用して、ホワイトボードの前に集合し、それぞれのパート従業員の担当する場所や時間を掲示する。

作業の実施と記録は、作業者（パート従業員等）の手により実施される（図7）。現状、作業記録は紙ベースが基本だが、最近ではスマートフォンを利用して取得する場合もある。今後はハウス環境の制御や労務管理も「スマホ」が基本となるだろう。いずれにしても、改善には記録を残すことが必須である。

作業個所にパート従業員の名前を書いたマグネットを貼り付け、作業内容と場所を指示する。
写真提供／大阪府立大学　大山克己

図6　作業指示を実施する際に活用されているホワイトボードの例

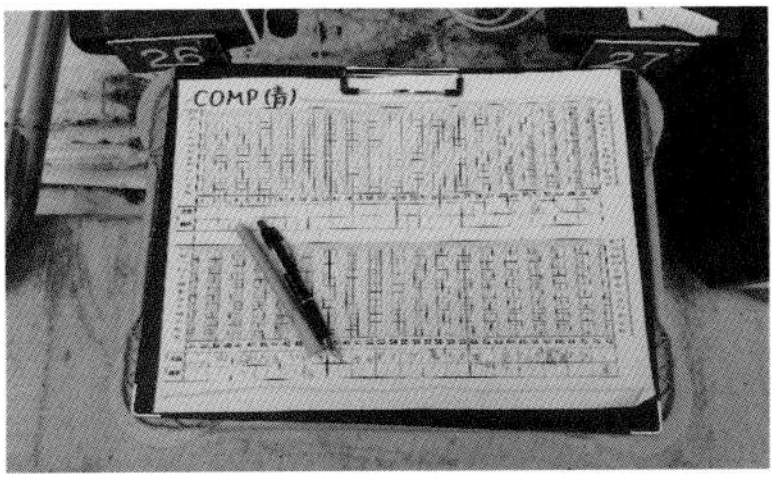

マーカーで作業終了個所を塗りつぶし、作業者名を記入する。この例では、作業時間は別の用紙に記入している。
写真提供／大阪府立大学　大山克己

図7　作業を終了した個所を示すために用いられているマップの例

③作業の集計および評価

「作業の集計」は、特に大規模園芸施設において作業の進捗状況を把握するとともに、作業速度を把握する上でも必要不可欠である。正確な作業スピードの把握は、作業計画時の必要パート従業員数の推定精度を高めることにも貢献するからである。

④作業計画の修正および改善

取得した作業記録と、その集計を週ごとに取りまとめ、それに基づいてミーティングを開催する。予定とのずれの解析や今後の計画を修正するためである。あわただしく当日に計画変更して現場での混乱が発生するのを回避するためにも、ミーティングの定期的な実施が必要である。

※本文中、色文字で記した用語の解説は159ページ参照。

復習クイズ

第1問 売値100円のトマト、50円で仕入れた場合の利益率は何%か？

第2問 次の文章のカッコ内の正しい方を○で囲め。『2020年のレタスの販売価格は、7月の天候不順やその後の猛暑で出荷量が落ち込んだため、kg当たり約（300円・1,000円）まで（高騰・下落）し、その後は天候がよく生育が順調に進み収穫量が増えたため、kg当たり約（300円・1,000円）まで（高騰・下落）した。』

第3問 冬期にトマトを8t/10a生産するためには、暖房に3,000L/10aの重油が必要とのデータがある。トマト1個100gを生産するのに、およそ何Lの重油が必要であるか計算せよ。また、トマト1個を100円として、販売価格に占める重油コストの割合はおよそ何%になるか計算せよ。重油の価格は1L当たり60円とする。

（クイズの解答例は152ページ）

COLUMN

プラスチックの資源循環

2015年に「持続可能な開発目標（SDGs）」が国連サミットで採択されて以降、各国によるプラスチックに関する規制等、国内外でプラスチックの資源循環のあり方に注目が集まっている。

2017年、我が国全体で903万tのプラスチックが廃棄され、そのうち農林水産分野は12万tである。そして、農業由来の廃プラスチックは約10万tであり、我が国全体の総排出量の約1%を占める。

一方で、農業分野、特に施設園芸にとってプラスチックは必要不可欠な生産資材である。新たな汚染を生み出さないために、引続き、農業者、農業者団体、自治体による廃プラスチックの排出抑制と適正処理の推進を徹底していく必要がある。

農業分野から排出される廃プラスチックは、農業用ハウスやトンネルの被覆資材、マルチ、苗や花のポット等がある。排出量を見ると、近年はポリオレフィン系フィルムの割合が増えて半数（47%）を占め、次いで塩化ビニルフィルム（40%）が多い。

農業分野から排出される廃プラスチックの量は、ハウスの面積の減少や被覆資材の耐久性向上等により減少傾向にある。また、1993年にはもっぱら焼却処理されていたが、廃棄物の野外焼却等の規則（野焼きの禁止、2000年廃掃法改正）、廃棄物の不法投棄および不法焼却に対する罰則の強化（2003年廃掃法改正）により、再生処理の割合が76%まで上昇している（2014年）。

SDGsが社会のスタンダードになる中、施設園芸は改めて襟を正し、資材の適正処理に努めなければならない。

施設構造と種類

第3章

施設構造と種類のきほん

温室およびハウスの構造

本章では、構造の面から「園芸用施設」の用語について整理しつつ、その分類について考える。これらは省力化、省エネルギー化など、日々の改善にも重要な視点である。

1 温室およびハウスと栽培ベッドの基本構造

まず、温室やハウスの「部位」と、それらの「呼称」について概要を解説する（図1）。

トマトなどは高くまで植物体を誘引する、ハイワイヤー誘引により多収生産が行われるようになった。そのため、軒高5mといった規格のハウスも見られるようになっている。その時、「棟高」と「軒高」の違いを理解しておく必要がある。

台風や地震など、ハウスの強度を高めるためには筋交い（ブレース）が有効な手段となる（図1右）。豪雪地域では谷樋に雪がたまらないように暖房しないと、ハウスの倒壊にもつながる。さらに、谷樋の下は水滴が滴下しやすいので、病気の発生源として注意する必要がある。ハウスの構造を理解することで適切な管理が実施できる。

また、施設生産では高設栽培が実施されるが、イチゴなどベッドの上面の高さが1mにもなると、何事もない時は気がつかないが、栽培槽もしっかりと補強をしないと、地震により倒壊する場合がある。2016年の熊本地震により、イチゴの高設栽培が被害を受けた例を調査したことがある（中野ら、2016）。ベッドは水を含むと、ほぼ土壌と同じ重量になると考えてよい。筋交いがなく、大きな揺れを受けると、上部に重さがあるため倒壊してしまう。

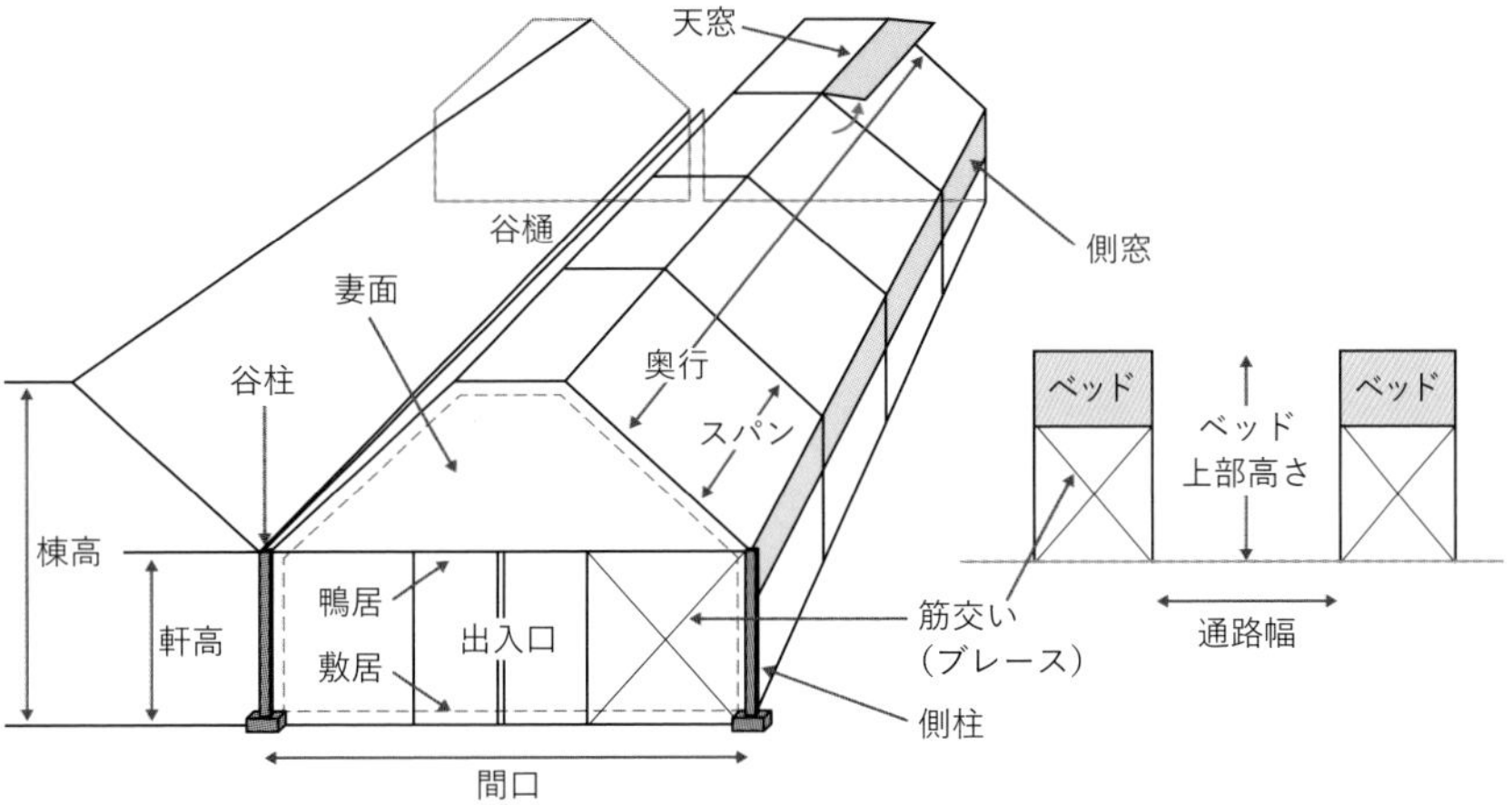

図１　温室およびハウスの各部位（左）と内部施設のベッド栽培の名称（右）

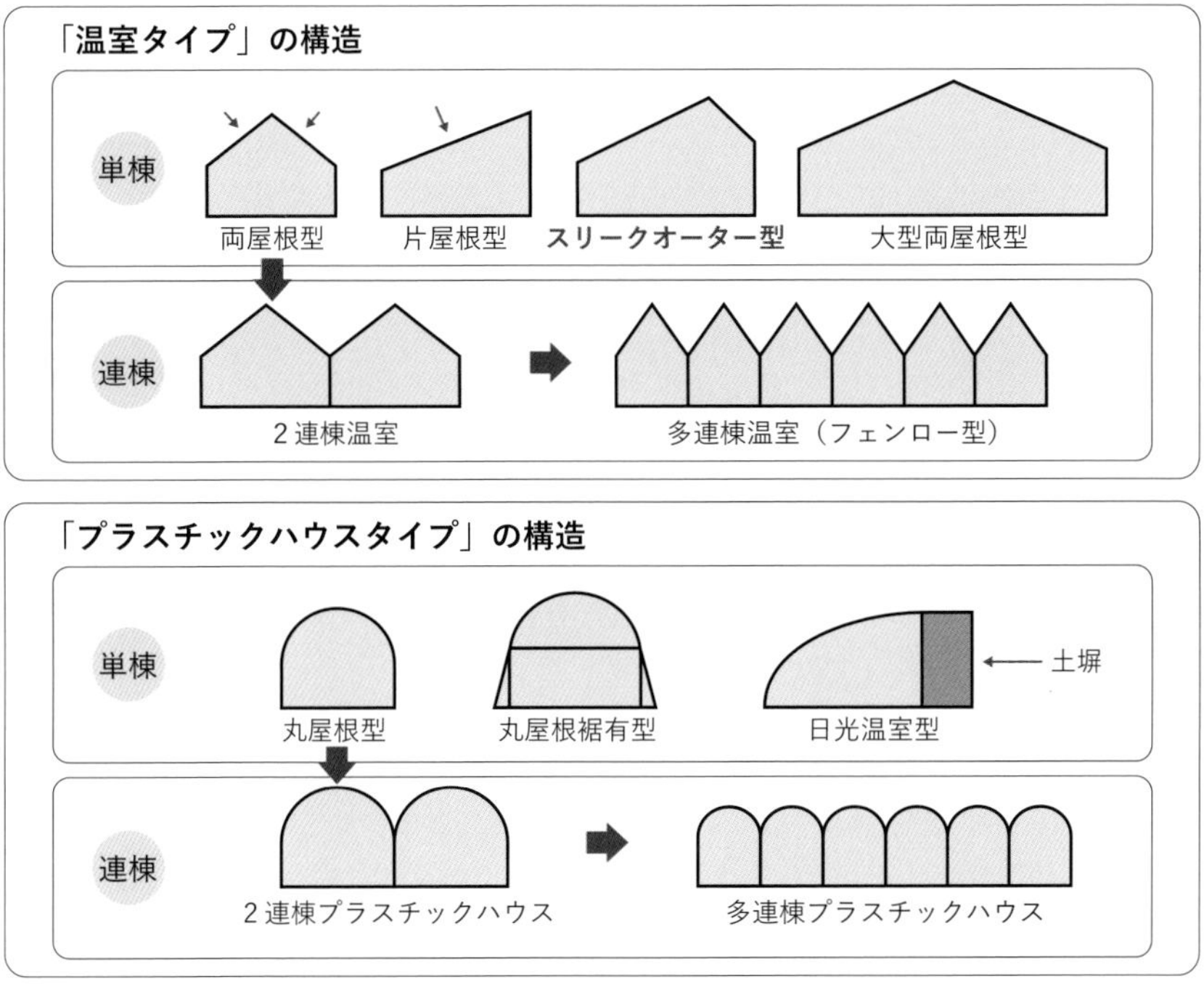

図２　温室およびハウスの形状による分類と呼称

今後増加する激甚気象に対応するには、構造の基本的な理解は不可欠であるとともに、的確な補強により、費用対効果の高い予防措置も可能となる。

2 温室およびハウスの形状による分類と呼称

いわゆる温室は、第1章の歴史の項でも述べたように、ガラスを素材として発達してきた。この場合、屋根がある構造が基本となるため、先端が尖ったような構造を「温室タイプ」としてまとめた（図2上）。これはあくまでハウスの外観のことである。

先端的かつ普及が進んだ構造は、フェンロー型（図3）である。現在では、耐久性が高く長期間光透過性が維持されるフッ素系フィルムなど、ガラスに匹敵する資材も実用化された。ガラス温室の老舗といえるオランダでも、温室タイプハウスの被覆資材として、ガラスではなくプラスチックが用いられている。地震や台風などが多い日本では、ガラス温室自体の構造も強固であり、「温室タイプ」のハウスは比較的小規模である。

日本では塩化ビニル等プラスチックに関連する化学工業の発達も著しく、いわゆるビニルハウスが発達した。そのため、施工の合理性から支持体の構造としては、丸屋根型として発達したと考えられる。ここでは「プラスチックハウス型」としてまとめた（図2下）。

中国の日光温室は、北側に土塀を配置し日光を最大限取り込む省エネハウスである。丸屋根も連棟化して、大規模化が進んでいる。

「施設」は、外観の構造、被覆資材、そして発達の歴史など、様々な切り口で整理することができ、分類やその意味づけも人により異なる部分があることを理解しておきたい。

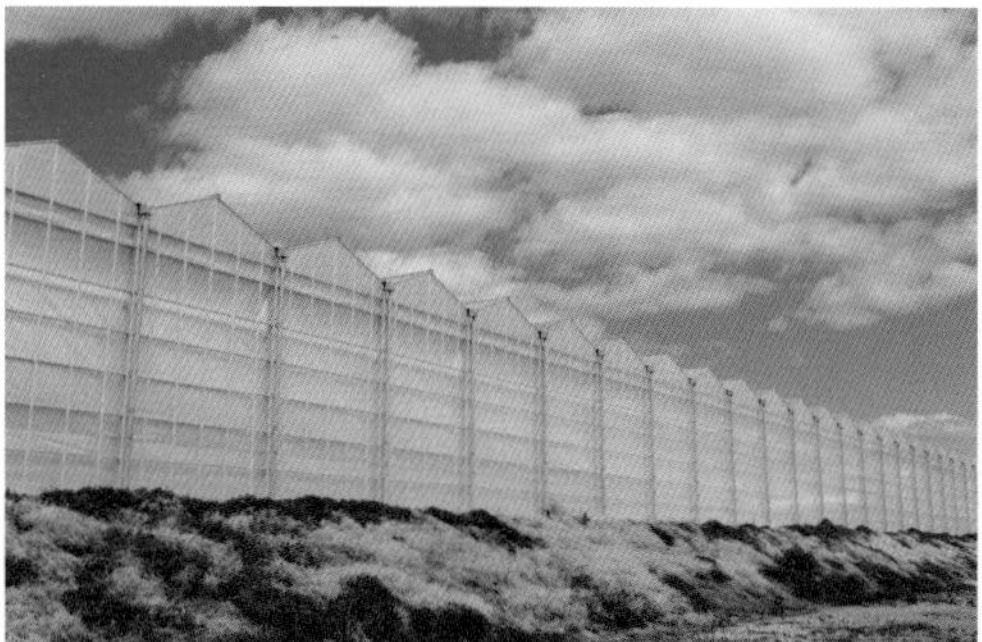

図3　フェンロー型ハウス

施設構造と種類

雨よけ栽培から植物工場まで

1 温室およびハウスと植物工場の位置づけ

雨よけハウスは統計上、図４のピラミッドの範疇には入らず、むしろ雨をしのぐだけなので、施設の中でも露地のような扱いになっている。現状、プラスチックハウスがその大半を占める日本にあっても、暖房を中心とした環境制御は基本技術となり、潅水制御、施肥制御、湿度制御、日射制御が可能な環境へ、そして複合的な環境制御へと発展している。

もう１つの流れが、後述する人工光型植物工場（ＰＦＡＬ）である。これは歴史的経緯から見ても施設生産とは別の流れで、人工的な環境として構築された。究極的に集約化が図られたという観点から、施設園芸の頂点に位置づけられる。

出自は違えども、相互不可分の関係性もある。例えば、太陽光利用型植物工場（ＰＦＮＬ）で必須となる育苗装置はＰＦＡＬではあるが、ＰＦＮＬの要素技術である。

植物工場は、「環境および生育のモニタリングを基礎として、高度な環境制御を行うことにより、野菜等の植物の周年・計画生産が可能な栽培施設。太陽光利用型と完全人工光型がある」と定義される。便宜的に境界を設けているが例外もある。

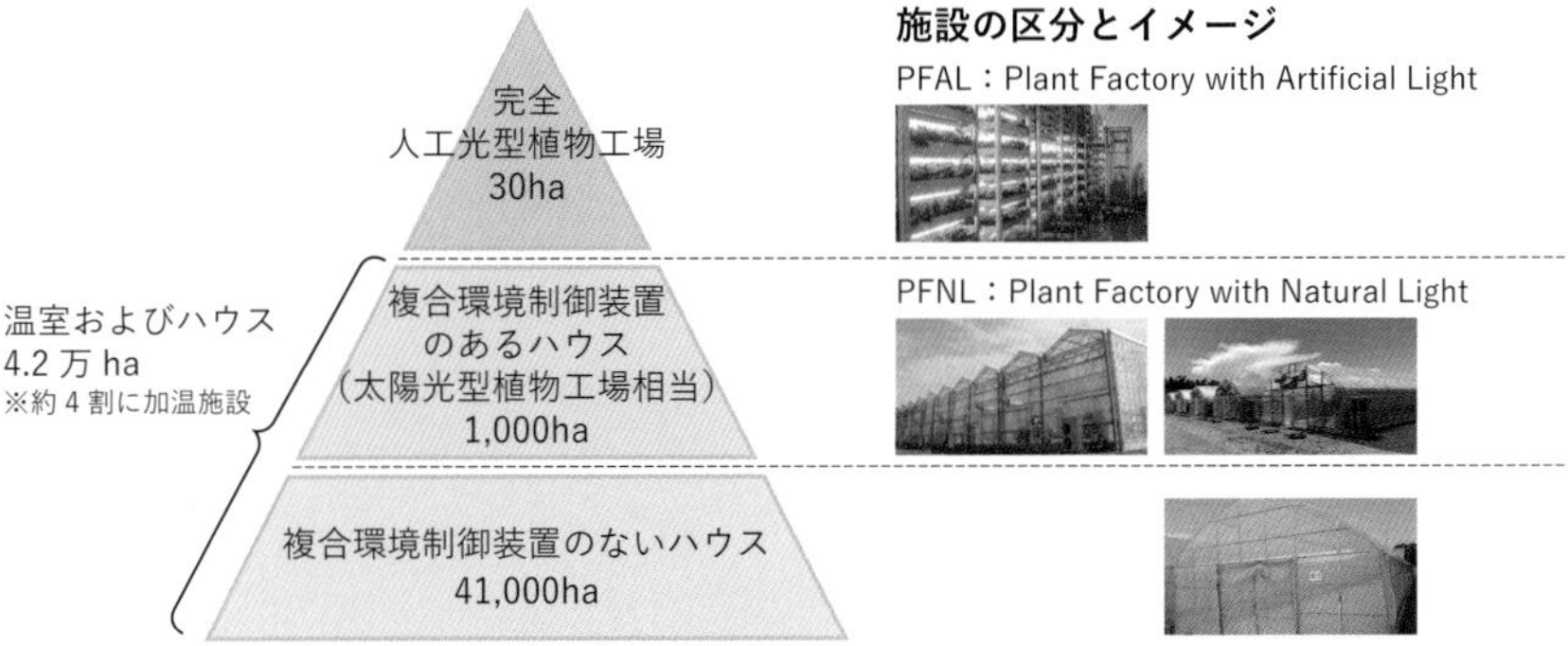

図４　温室およびハウスと植物工場の位置づけ

2 簡易施設の発展

①雨よけハウスから ビニルハウスへ

簡易施設の被覆は、保温する技術として発展してきた一方で、透明で光を通す安価な資材としてビニルが活用されるようになると、濡れ防止により病害が抑制され飛躍的に生産が改善された（図5左）。

現在でも、雨よけ栽培によりトマトが作られており、雨さえしのげれば、栽培に適する期間で経済的に営農が成立する。一方で、施設を高度化していけば、装置の回転率を上げるために、周年栽培の方向に展開することになる。

②低コスト耐候性ハウス

低コスト耐候性ハウス（図5右）は、一般的に普及しているハウスの基礎や接合部分を、強風や積雪に耐えられるように補強し、耐風速50m／s、耐雪荷重50kg／㎡を基本とする（※地域の実情に合わせて基準が異なる）。例えば八角パイプの活用がキーテクノロジーとなっているハウスもある。このようなハウス設置コストは、同規模・同強度の鉄骨ハウスの7割以下である。

3 海外の事例と高度化するビニルハウス

①日光温室（中国型ハウス）

中国でポピュラーな温室である。南面からの日射透過量を最大化し、レンガ等の北壁に蓄熱する。夜間はビニル面を上からコモがけして保温し省エネ化も図られる（図6上）。

写真提供／渡辺パイプ（株）〈写真右〉

図5　雨よけハウス（左）と低コスト耐候性ハウス（右）の例

②台湾での有機農業ハウス

台湾では有機野菜への関心が高く、効率的な生産にビニルハウスが活用されている。通路もなく播種後は人の出入りがない。収穫残渣は家禽が処理する、半閉鎖型の半循環生産システムである（図6下）。

③パッシブハウス（図7）

自然の力を活用するのが基本的なコンセプトで、その意味では、雨よけハウスに源流があるだろう。ハウス内環境を効率的に制御して、省力化と安定生産を実現する。前記の耐候性ハウスでもあり、日光温室や有機農業ハウスの進化形ともいえる。

合理的な中国の日光温室（上）。台湾では葉菜類の有機栽培において、ビニルハウスは必須の要素技術である（下）。

図6　海外で普及するビニルハウス

ITグリーンハウス：パナソニック（株）。

図7　パッシブハウスの例

太陽光利用型植物工場

1 高度な環境制御が可能なハウス

太陽光利用型植物工場（PFNL：Plant Factory with Natural Light）とは、形状の規定ではない。定義によれば「周年・計画生産が可能な施設」であるため、実質的には多連棟の温室（フェンロー型）やプラスチックハウスということになる。

実際、これらの施設では複合環境制御が行われる。設置面積は1000ha程度あり、「温室およびハウスの4・2ha」の2・5%に相当する。このような形態の施設の内部装置は養液栽培になる。養液栽培は温室およびハウスの約5%を占め、炭酸ガス発生装置を整備するのは約4%と、概ね外観と高度な内部の装備とが連関している。

①フェンロー型ハウス

オランダのフェンロー（Venlo）地方で開発・普及した連棟式温室の名称で、一般社団法人日本施設園芸協会の園芸用施設安全構造基準では「ダッチライト温室」と記述されている。国内では「フェンロー」または「VENLO」がトミタテクノロジー（株）により商標登録されたため、フェンロー温室の構造を「ダッチライト温室」と書き込んだ経緯に由来すると思われる。

②スペイン型ハウス

スペインのハウスは南米、東欧、中東に輸出され、低コストがセールスポイント。標準品の骨材やアーチはヨーロッパ規格があり、大量に製造されコストダウンが図られている。日本ではアーチゴシック型のハウス（図8）がヤンマーグリーンシステ

写真提供／ヤンマーグローバルエキスパート（株）

図8　アーチゴシック型ハウス

ム（株）から販売されている。骨材を少なくし軽量化が図られていることや、大きな天窓により高い換気率が維持できるなどの特徴がある。

2 国産の高度環境制御ハウス

①広間口無柱ハウス（クボタ、図9）

間口最大20ｍの無柱大空間が特徴の低コスト耐候性鉄骨ハウス。広間口&無柱だからレイアウトの自由度が高い。主要フレームには耐久性に優れた角パイプを主としたトラス構造を採用し、大スパン構造ながら高い強度を有する。溶融亜鉛メッキ処理により高い耐食性も確保している。

②T-キューブ（デンソー）

一般的なハウスは、自然換気方式により温湿度を調整する。強制換気は、換気扇を中心に換気するため、窓構造が少なく低コストになる。

③ドリームフィールド（イノチオアグリ）

従来比１・４倍の採光性、従来比２倍の天窓換気容量を備えた、低コスト耐候性ハウスである。

④アーチ型ビニルハウス（大仙）

鉄骨構造にトラス型を採用し高軒高を実現、広い室内空間を確保し栽培環境の安定性に優れる。天窓駆動部はプルプッシュ方式を採用し低コストで大規模化を実現。多連棟型の「ニューブルーハウス」がある。

⑤エコ作（ＪＦＥライフ、図10）

１９８０年代の鉄鋼不況時から、いち早く植物工場生産事業化してきた老舗のひとつ。生産物は無農薬栽培が可能であり、「エコ作」ブランドで安定的な生産を継続している。

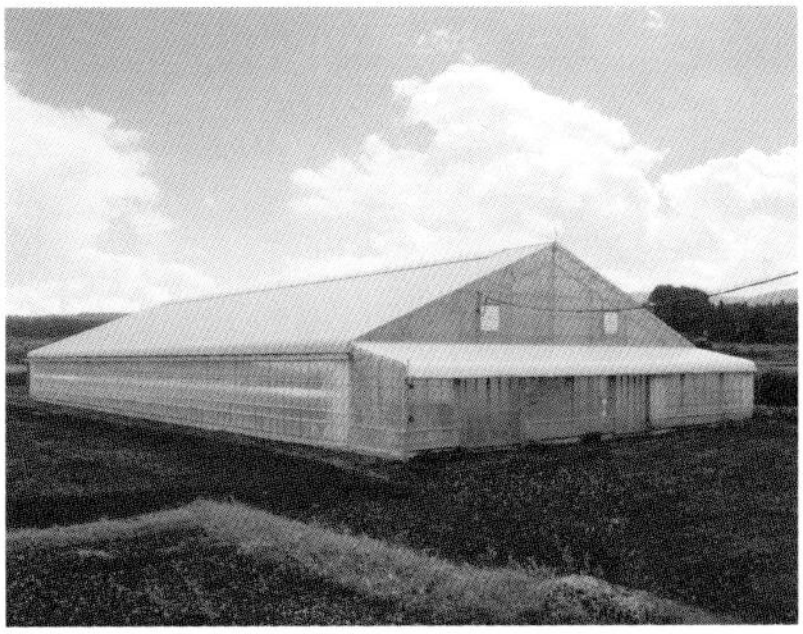

写真提供／（株）クボタ

図９　広間口無柱ハウス

写真提供／JFE ライフ（株）

図10　エコ作ハウス

施設構造と種類

人工光型植物工場

1 PFALと呼ばれるカテゴリー

人工光型植物工場（PFAL：Plant Factory with Artificial Light）は、光源に人工光を用い、空調と養液栽培を導入し、植物生育に必要な環境要素（光、温湿度、CO_2濃度等）を制御し、周年安定的に高品質の植物を栽培する施設である。

これまでの技術発展の系譜（図11）を見ても、今後も植物工場の先端をリードしつつ、施設園芸の展開の基盤技術として発展していくと考えられる。

2 人工光型植物工場のトレンド

2020年の流行語大賞に「3密」が選ばれた。これら密集、密接、密閉を回避する「新しい生活様式」の実践が定着しつつある。外出を自粛し「巣ごもり消費」が増加している。また、衛生管理に関する意識の高まりがトレンドとなっており、より〝衛生的な〟イメージの商品、例えば〝清浄野菜〟といった、洗浄せずにそのまま食べられる簡便性を兼ね備えた製品の需要が伸びていく。

これに対応した動きとして、多様なJASの制定に向けた取り組みがある。人工光型植物工場における葉菜類の栽培環境管理のJASである。今まで長期トレンドでも進行してきたこれらの取り組みは、コロナ禍により拍車がかかるだろう。

3 人工光型植物工場の実例

①苗テラス（三菱ケミカルアクア・ソリューションズ）

「人工光・閉鎖型苗生産装置」により、いつでも・誰にでも簡単に、丈夫で均質な苗作りが可能となった。必要な温度管理や電照、潅水、炭酸ガス施用をすべて自動で行い、所定の日数で定植や鉢上げに適した苗が完成する。育苗経験の少ない方からベテランまで、誰でも簡単に健苗を作ることが可能となった。近年光源

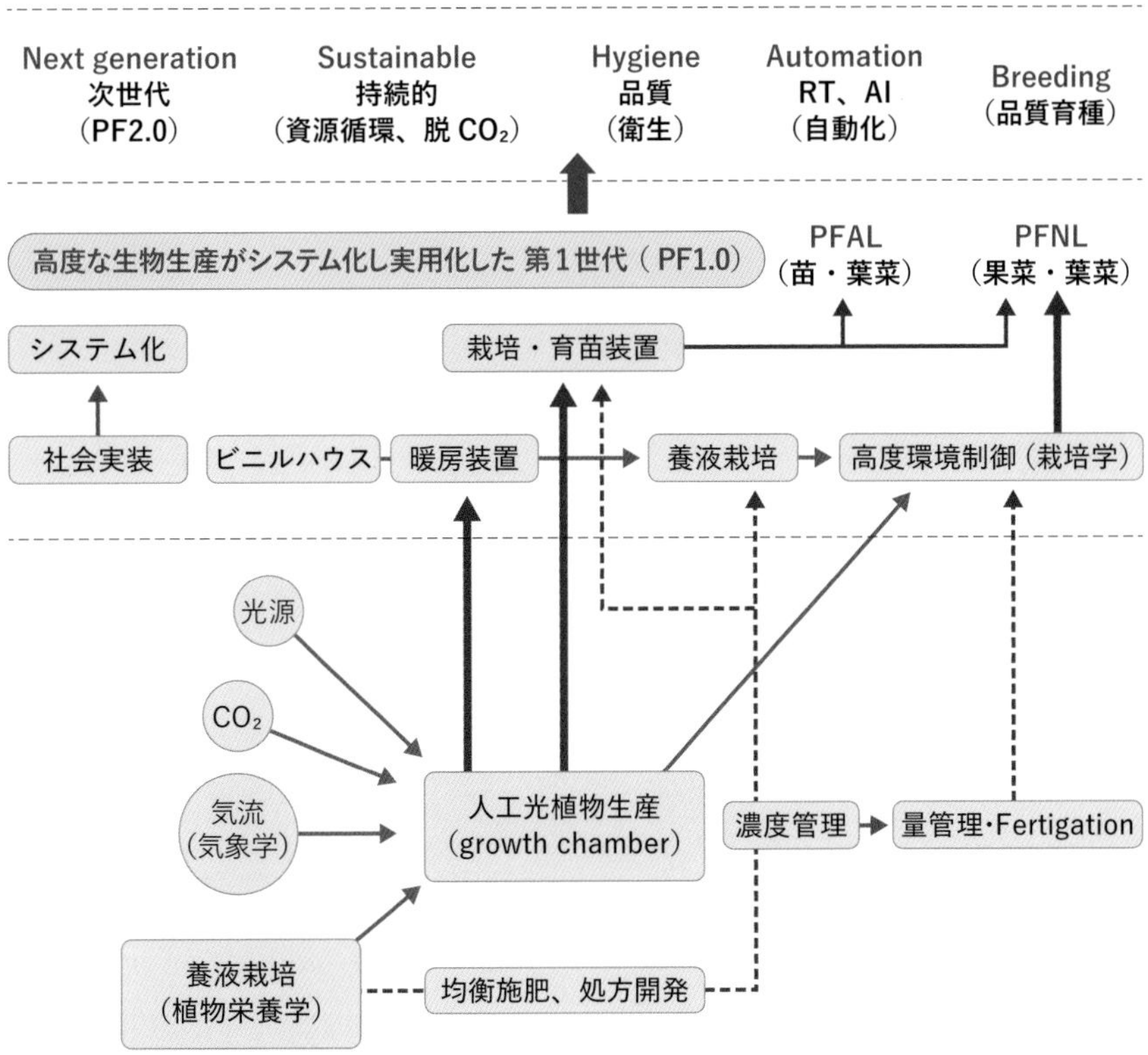

図 11　植物工場を取り巻く技術発展の系譜

は蛍光灯からLED（発光ダイオード：Light Emitting Diode）に置き換わっている。国内外にも普及した、日本として誇るべき先導的な苗生産システムである。

②ビタミンファーム（菱熱工業）

栽培棚は生産量の最大化と作業性を考慮し設計されている。棚、床面、壁面の材質は食品工場建設の豊富な経験に基づき、微生物リスクも含め選定されている。最適環境の維持と遠隔監視が可能な施設である（図12）。

③ドームハウス
（ジャパンドームハウス）

特殊発泡ポリスチレンを構造体とするドーム型ハウスの植物工場。厚さ200㎜の発泡ポリスチレンで壁を構成し、①断熱性と省エネルギー性能に優れる、②短期間で施工可能で人件費を節減できる、③風・地

写真提供／菱熱工業（株）

図12　ビタミンファームにおける生産の様子

震・積雪に耐え災害に強い、④および耐久性に優れるなどの優位性を有する。

4 「植物工場」の展開

今後の世界の食料生産を考えた場合、頻発する気象災害やポストコロナにおける食料供給への対応技術として植物工場が注目される。日本の果たすべき役割としては、特に持続性と衛生管理を実現できる「次世代植物工場」を構想し、園芸生産により世界をリードするようなポジションを目指す（図11）。

世界のロールモデルとなる展開が期待される。

※本文・図中、色文字で記した用語の解説は158ページ参照。

復習クイズ

第1問　ポリエチレンフィルム（PO）とフッ素フィルムの、10a、1年当たりの減価償却費についてそれぞれ計算し、比較せよ。同等の規格（1m×100m）の値段はそれぞれ2万円と10万円とし、POの耐久年数は4年、フッ素フィルムの耐久年数は20年とする。また、被覆面積は10aとする。

第2問　人工光型植物工場でレタスを作る。300Lの水と22kgのCO_2と、6,000kWhの電力で、100gのレタスが3,000株できるというデータがある。電気代1kWhが30円として、レタス1株当たりの電気代を計算せよ。

第3問　「農業施設の災害対策」について視点を3つ示し、それぞれの例を挙げて400字以内で述べよ。

（クイズの解答例は152ページ）

COLUMN

天災は忘れた頃にやってくる

「地震、雷、火事、親父」。広辞苑によれば、「日常人々の恐れるものをその順に列挙していう語」であり、「いずれも予告なしに突然襲ってくるもののこと」のようである。最後の「親父」については、台風を意味する「大山嵐（おおやまじ）」が変化したとする俗説の方が、特に現代にはつきづきしい。

実際、これらの災害は、現在の科学技術をもってしてもどうしようもないことも多いが、予測技術も日進月歩である。その昔、「気象庁」と三度唱えれば、「食あたりしない」と揶揄されたそうだが、それも今は昔。例えば、「降雨の有無」の的中率は9割に迫る。制度としても2013以降、「特別警報」も開始された。短期的な対応も教訓を踏まえ日々改善されている。

もう1つは長期的な視点である。気象庁の分析によれば、「東日本の広い範囲に甚大な被害をもたらした2019年の台風19号で、関東甲信地方の総降水量は、地球温暖化に伴う1980年以降の気温や海面水温の上昇によって約11％増えた可能性がある」とのことである。これはスーパーコンピューターでのシミュレーションの結果である。実際、日本周辺の平均気温は1980年以降、約1℃上昇している。また、気温が1℃上昇すると、大気中に含むことができる水蒸気量（飽和水蒸気量）は7％程度増加することも事実である。これらの数値を用いたシミュレーションから、飽和水蒸気量の増加と温暖化による台風の強化が総降水量の増加に影響したとされている。一転して、2020年は日本には一度も台風が上陸しなかった異例の年となったので、自然とはかくも読みにくい。

「天災は日本列島の宿命」であり「1000年に一度の天災期がはじまった」（鎌田、2017）。そして何より「天災は忘れた頃来る」（寺田寅彦、1938）。備えあれば憂いなしである。

作型開発

第4章▼作型開発のきほん

作型とは

1 作物の原産地

食卓をにぎわす野菜の多くは、もともと日本以外で栽培化されている。植物とヒトの協同作業で、栽培される範囲が拡大されてきた（図1）。

2 作型の基本

「作型」は、野菜等を「環境変化に適応させる生産技術体系」である。季節（時間）や地域（場所）により異なる自然環境において、作物（生物）の経済栽培を行うための「類型的技術体系」であり、主な構成要素は、①品種選択、②環境調節である。多様化・高度化した消費者ニーズに連動し「作型」が開発された。作型に関する「用語」も徐々に整理が進んでいる。気候も生産現場も変わり続けるため、時代に応じた「作型」の見直しも必要であろう。

①自然環境を活用する視点が「作型」

前章では、技術的な施設園芸の最先端として、完全人工光型植物工場（PFAL）と太陽光利用型植物工場（PFNL）を位置づけた。PFALは光と温度を完全に制御できるので、作型の概念はない。一方、PFNLは、光は自然光を利用しているので、遮光や補光である程度制御する。閉鎖度もPFALに比べ低いが、温度は加温や冷房で制御する。そのため「作型」の考えも必要である。

②基本的な作型の考え方

作型の呼び方は、作型分化を促す要因が、播種期別の、①品種選択を主とする作物（品種選択型：分類型I）、②環境調節技術を主とする作

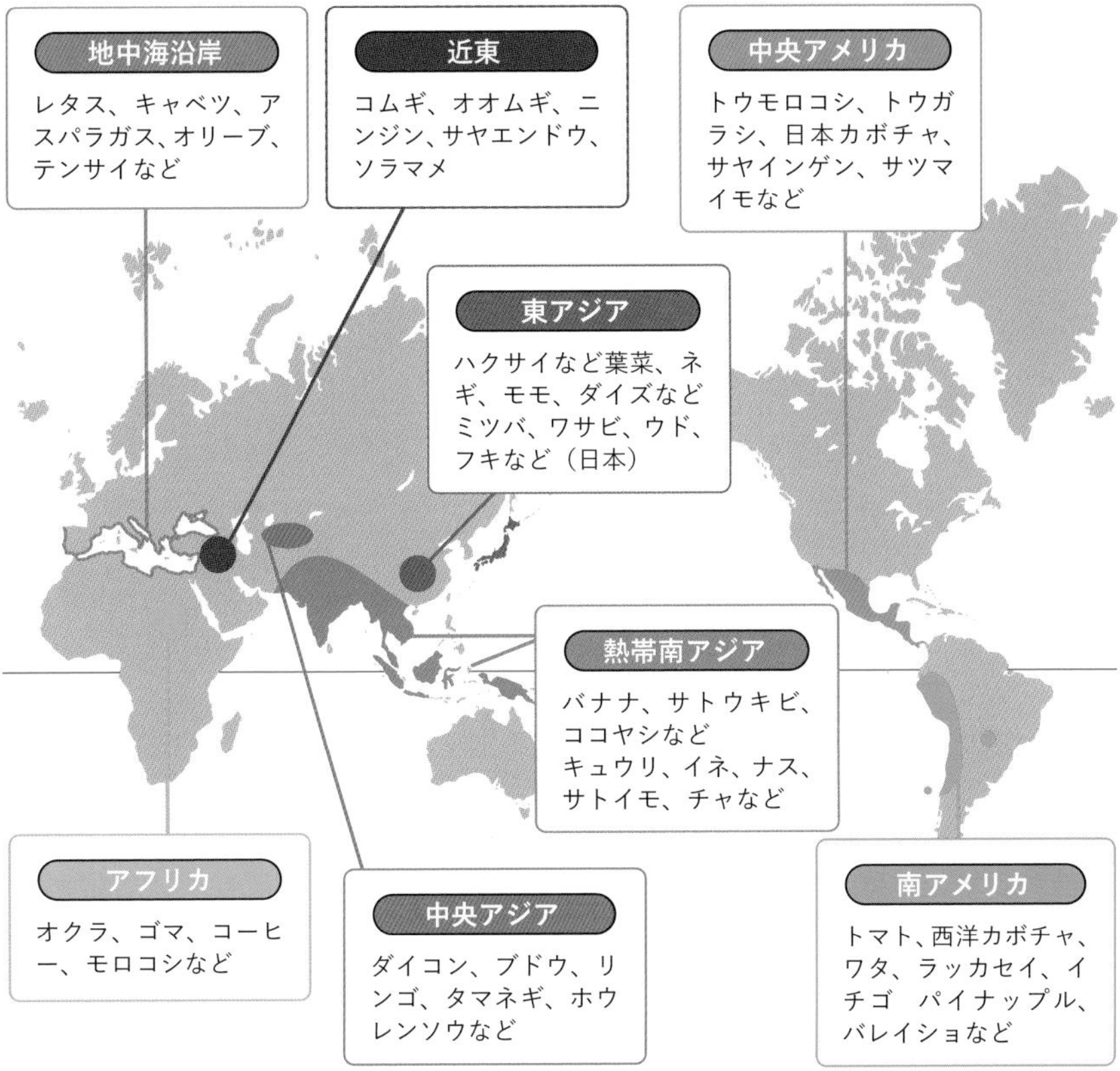

図１　栽培植物の原産地

物（環境調節型：分類型Ⅱ）、③その他（分類型Ⅲ）に分けて適用する。葉茎菜類の多くは、いつ播種するかが非常に重要であり、分類型Ⅰとなる。一方、トマトを含め多くの果菜類は、環境調節が重要であり、ここには施設生産が位置づけられる分類型Ⅱとなる（**表１**）。

基本作型は、環境調節の有無や方法などで、「普通栽培」、「早熟栽培」、「半促成栽培」、「促成栽培」、「抑制栽培」となっている。分類Ⅲについては、分類Ⅱの作型の定義と異なる部分があるとの判断のものが入れられている。例えばイチゴでは休眠打破や開花促進の技術があるが、これを「環境制御」に含めると分類Ⅱでもよいだろう。温室メロンは従来から「春作」や「冬作」などの呼称が慣用として用いられてきたが、環境

表1　分類型別の野菜作物名

分類		作物名
Ⅰ（品種選択型）	果菜類	サヤエンドウ、ソラマメ
	葉茎菜類	キャベツ、カリフラワー、ブロッコリー、ハクサイ、チンゲンサイ、ナバナ、セルリー、レタス、シュンギク、ホウレンソウ、タマネギ、ネギ、ワケギ
	根菜類	ダイコン、カブ、ニンジン、ゴボウ
Ⅱ（環境調節型）	果菜類	キュウリ、スイカ、メロン、ズッキーニ、カボチャ、ニガウリ、トウガン、トマト、ピーマン、トウガラシ、ナス、サヤインゲン、エダマメ、スイートコーン、オクラ
	葉茎菜類	シソ、アーティチョーク、モロヘイヤ、ニラ、ニンニク、ユリネ
	根菜類	サトイモ、カンショ、ヤマイモ、ショウガ、レンコン、クワイ
Ⅲ（その他）	果菜類	イチゴ、温室メロン
	葉茎菜類	チコリ、ウド、ミョウガ、ミツバ、アスパラガス、モヤシ
	根菜類	ワサビ、バレイショ

「野菜・花きの作型用語」（1984）から抜粋。

制御による生産なので分類Ⅱとしてもよい。

③その他の呼称の例

前記の基本的な作型に追記することによって、より詳細に作型を規定する場合がある。

雨よけ普通栽培　雨よけ栽培の場合は、基本作型の前に「雨よけ」をつける。例えば、「雨よけ早熟栽培」などがある。

促成長期栽培、トンネル早熟長期栽培　収穫期間が長く、普通の1作型の期間より延長して収穫する場合は、基本作型の前に「長期」を入れる。

④作型には含めない用語

「生食用」とか「加工用」などの用途は含めない。また、「養液栽培」や「接ぎ木栽培」も、作物や作型にまたがって用いられる栽培様式であるので、作型には入れない。

作型開発

日本の風土の特徴

1 地域に関する基本的な考え方

野菜の作型は主に、地域毎の自然環境と季節変動に基づいて成立し、分化している。そのため同じ作型でも作期が異なり、その分化も極めて複雑である。これは南北に長い地域において四季が明確に存在する環境で営まれる、我が国の野菜生産の特徴といえる。

一方で、地域の特徴を細分化するのは、かえって煩雑さを招くことにもなるので、地域区分などは必要最低限に留め、地域表示も簡潔にする方向である。

具体的には、従来一般的に用いられてきた気候区分による、「寒地」、「寒冷地」、「温暖地」、「暖地」、「亜熱帯」の5地域とする（図2）。

①寒地

北海道全域と東北、北陸、関東、東山の一部（平均気温9℃未満の地域）。

②寒冷地

東北、東山の大部分と北陸、関東、東海、近畿、中国、四国、九州の一部（平均気温9～12℃）。

③温暖地

北陸、関東、東海、近畿、中国の大部分と、東北、東山の一部（平均気温12～15℃）。

④暖地

四国、九州の大部分と関東、東海、中国の一部（平均気温15～18℃）。

⑤亜熱帯

沖縄県全域を含む南西諸島と伊豆諸島の一部、小笠原諸島（平均気温18℃以上）。

2 作型の例

前述したように、基本作型は環境調節の有無や方法などにより、「普通栽培」、「早熟栽培」、「半促成栽培」、「促成栽培」、「抑制栽培」となっている。

①普通栽培

春の気温の上昇を待って播種し、以後自然に近い気温下で行う栽培。別の場所で育苗した苗（無加温または加温苗）を用いて栽培する。前記の栽培は、厳密には「露地早熟栽培」ということもできるが、「普通栽培」に入れることが多い。また、「雨よけ」など被覆栽培でも保温や加温以外の目的で被覆栽培を行う場合は「普通栽培」である。

図２　日本の地域区分

②早熟栽培

「普通栽培」より早期に収穫する作型が「早熟栽培」で、「露地早熟栽培」、「トンネル早熟栽培」、「ハウス早熟栽培」に分類される。「露地早熟栽培」は加温育苗後、露地や露地に近い条件（マルチを含める）に定植するが、これは「普通栽培」に含めることが多い。「トンネル早熟栽培」はトンネル被覆内に、播種や定植する作型である。

③半促成栽培

「早熟栽培」よりも、さらに早期に収穫しようとする作型が「半促成栽培」である。冬から早春にかけてハウス内に播種や定植し、生育前半のみを保温や加温したのち、自然の気温に近い条件で栽培を継続する。保温のみによる「無加温半促成栽培」

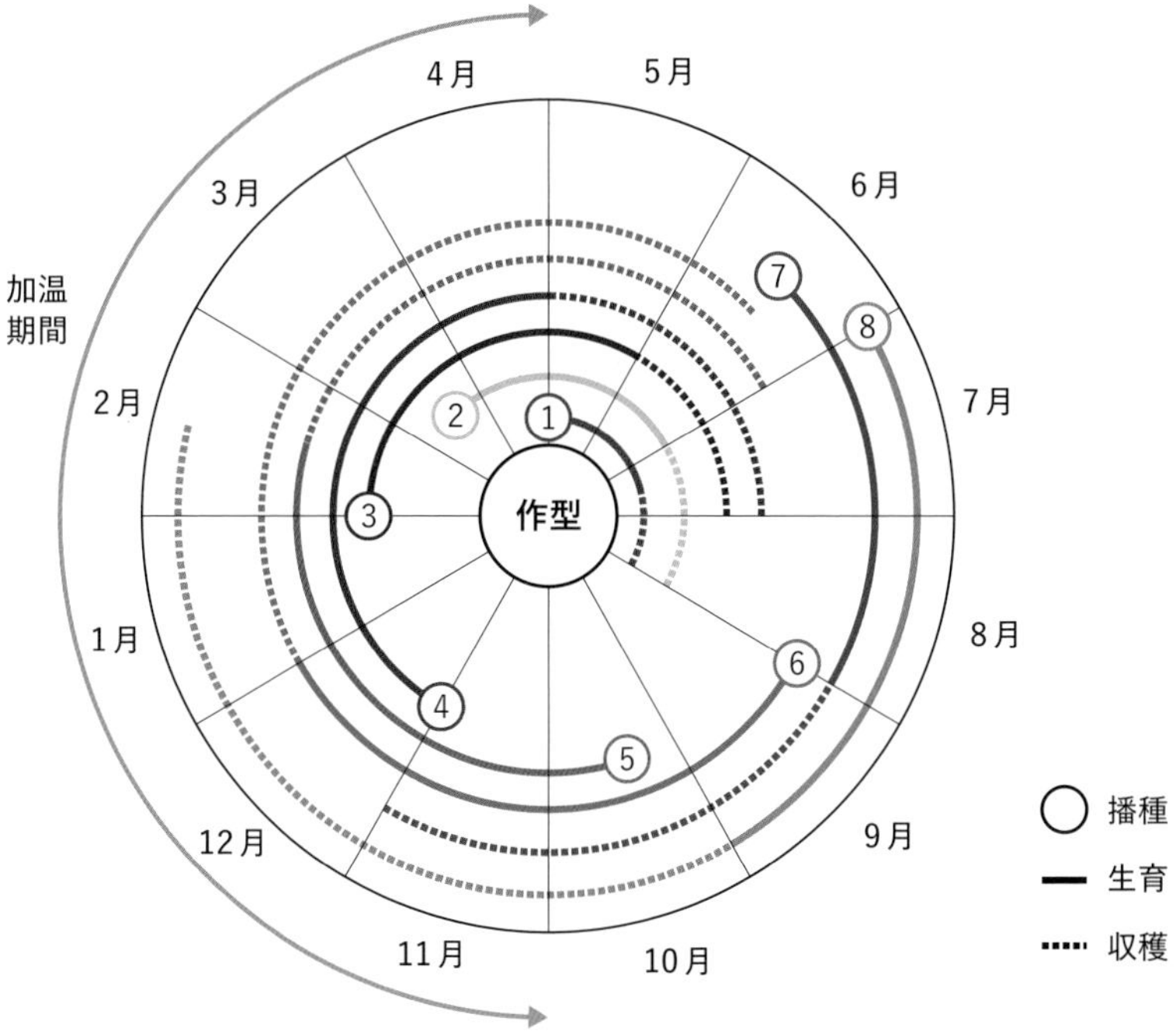

①露地早播き栽培（普通栽培）
②早熟栽培（露地植え）
③早熟栽培（トンネル定植）
④半促成栽培（無加温）
⑤半促成栽培（加温）
⑥促成栽培
⑦ハウス抑制栽培（無加温）
⑧ハウス抑制栽培（加温）

図3　日本におけるトマトの基本周年作型

と、加温する「加温半促成栽培」に分けられる。

④促成栽培

「半促成栽培」よりもさらに早期に収穫しようとする作型が「促成栽培」である。ハウスなどを利用し、晩秋から春までの低温期間の大部分を通じて、保温・加温する。一般的に長期間加温する場合を「促成栽培」と呼び、無加温を前提とする場合は「無加温促成栽培」として区別する。

⑤抑制栽培

「普通栽培」より遅い時期の収穫を目的とする作型が「抑制栽培」である。トマトでは盛夏から秋の生育がポイントとなり、夏が冷涼であるとか、晩秋が温暖といった地域の特性を生かす場合が多い。

作型の例として、図3に日本におけるトマトの基本周年作型を示す。

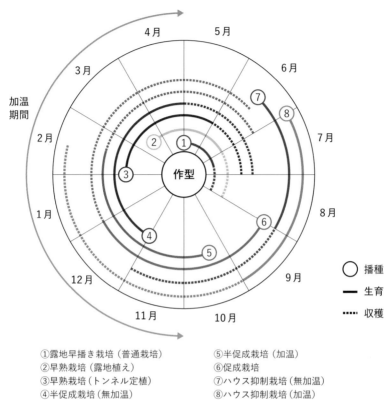

環境変動に対応する施設生産

作型開発

1 トマトを例にした作型の展開（少し見方を変えて）

①露地栽培系

手間を極力かけない省力的な生産体系である。トマトは基本的に多湿を嫌うので、本来は日本においては露地栽培に向かない。しかし、加工用トマトでは、長野県や茨城県などの産地がある。またジュース用の需要も増加しているので、水田の転作などでの導入が期待されている。それには病害対策や、特に収穫作業の機械化の推進が重要となる。極めて露地に近いが、夏越しには雨よけ用にビニルハウス（ハウス雨よけ栽培）が使われるようになった。ハウスは早春や晩秋の保温にも使えるので、作期を伸ばすのに使われている。

②高度ハウス栽培系

ハウス利用は、当初の1960年頃は仮設のパイプハウスが主流であったが、その後、基礎が強固なハウスが増加し、周年利用されるようになり促成長期栽培が発展した。様々な作型や栽培法がある中、大きく分けて、比較的簡易な栽培を指向する場合と、高度な環境制御で周年栽培を目指す方向性がある。極論すると、高度トマト生産作型の2パターンとして、①長期多段栽培と、②低段多回転のような作型になる（図4）。

長期多段栽培　長段栽培によりハウスを周年利用して生産効率を向上させることは、経営改善の方向性のひとつである。しかし、夏はトマト価格が低迷するので、一般的に作を区切るとすれば、この時期ということになる。それでも現状の長期多段栽培より収穫期間を延ばすような試みが、さらなる多収には必要である。それは多段延長秋冬春栽培（多段延長AWS）ということになろうか（図4）。一方で、日射が増加する春前から収穫が始まるような作型は多収には有望である（多段延長SSA）。しかし、この場合、夏を確実に越せる冷房技術が必須であるため、費用対効果でエネルギーコストと折り合いを付けなければならない。

低段多回転　低段栽培では、回転数を上げて生産量を増やす必要がある。

日本の場合、気象環境として厳しいのは特に夏であるので、単価が低いこの期間での生産は、低段の場合は生産を回避するか、あえて生産するのであれば、差別化が図られる高品質のトマトを選択する必要がある。例えば、品種としては高リコペントマトや、耐暑性がある（例えば単為結果性）高品質トマトの適用がよいであろう。夜間冷房等の技術で安定的に差別化の図れるトマトが生産可能となれば、この時期でも比較的高価格で販売ができる可能性がある。この場合も、やはり費用対効果での評価軸が必要である。

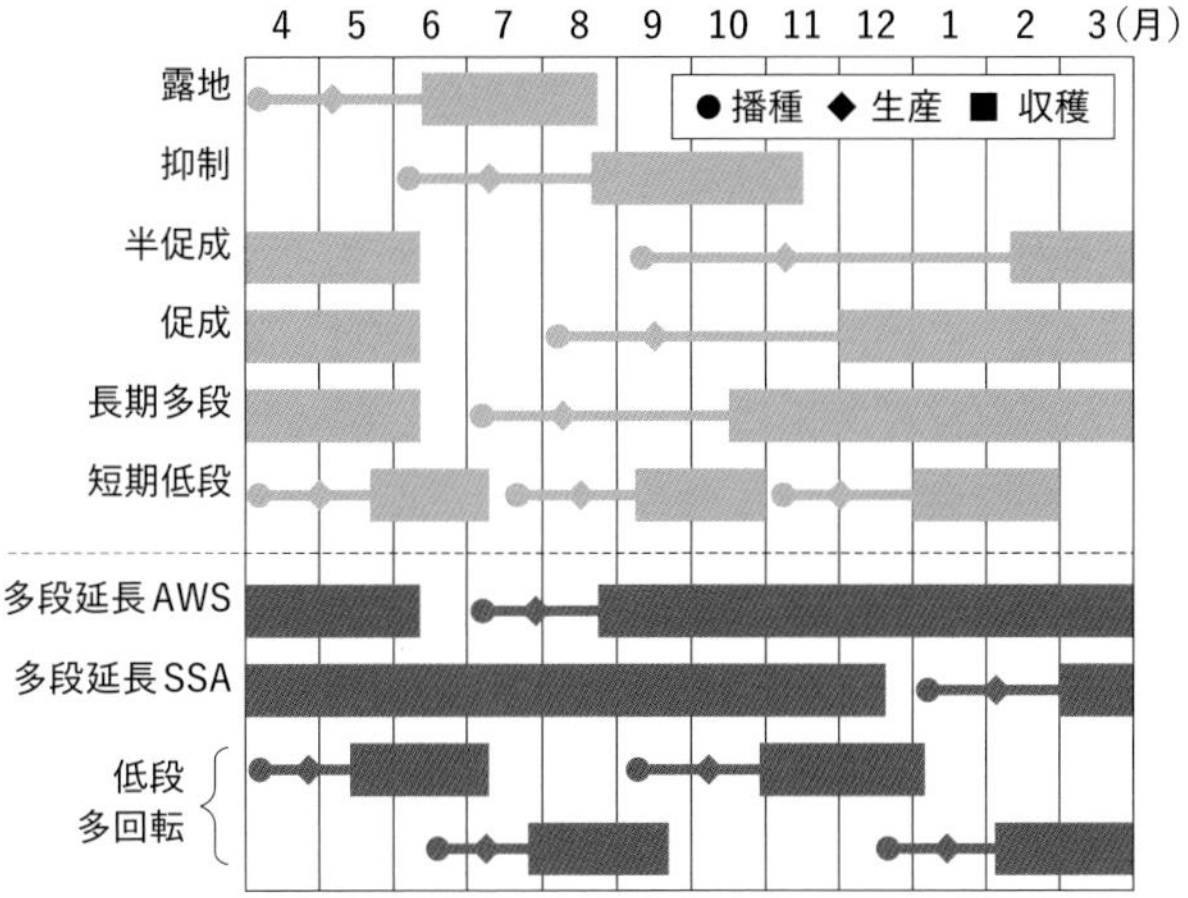

AWS：Autumn、Winter、Spring、SSA：Spring、Summer、Autumn。

図4　トマトを例にした作型の展開

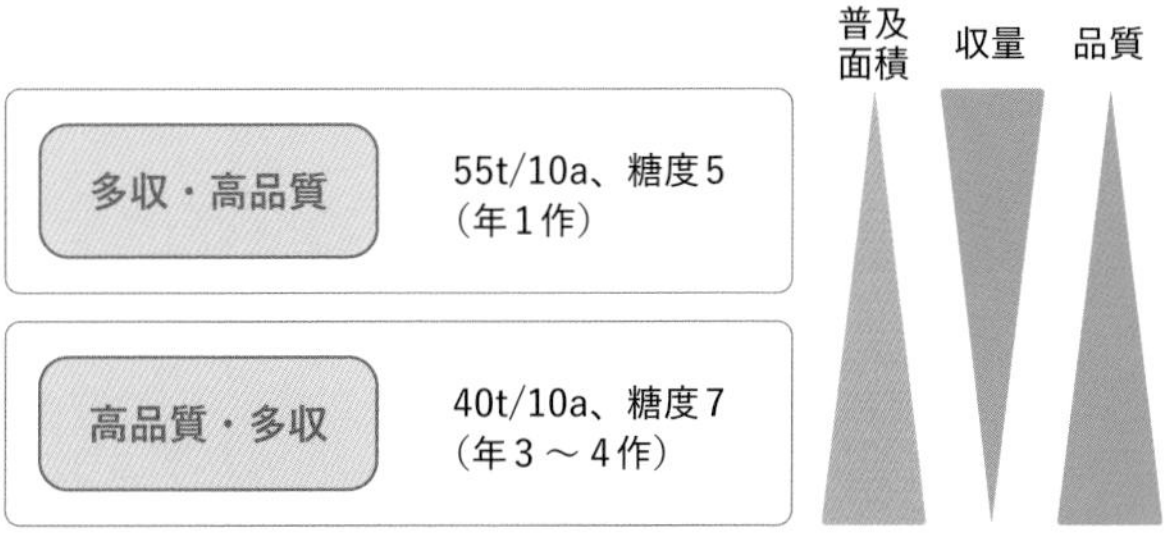

図5　現状を踏まえた日本のトマト生産の2つの方向性

③トマト生産方法の2本柱へ

露地、施設を含め様々な作型があるが、今後は植物工場的な生産がさらに進展することが想定される。中でも、展開する栽培システムとして整理すると大きく2つの柱になる（図5）。それらに向けて技術を標準化し、収量と品質を最大化するのが戦略の方向性のひとつであろう。

またこれらに限らず、品種開発、新たな環境制御手法の開発、そして海外への販売戦略などを考えてほしい。作型開発を含め施設園芸は、様々な可能性のある生産体系であるからだ。

作型開発

電照による補光と日長制御

1 電照とは

植物にとって、光は光合成を行うための「エネルギー」となるが、成長を制御する「シグナル」でもある（図6左）。一般に、強力な太陽の光を補う「補光」が人工光源により行われ、作期の拡大が図られる。この補光により光合成量が増えるが、補光のうち、生育・開花調節を目的とした補光を「電照」と呼ぶ（久松、2014）。

施設生産ではキクやイチゴが代表例で、花芽形成などの生長は日長で制御できる。日長に応答した花成は植物により違う（図6右）。人為的に植物の生長・開花を調節できる「電照」技術は、施設園芸の革新的な技術のひとつである。

2 開花と人工光の利用の歴史

植物の開花調節については、今から約100年前の1920年に、植物の光周性の発見がガーナーとアラードによりなされたことに端を発する。その時から、施設栽培における人工光の利用の研究が始まり、1930年には人為的な日長制御により商業的なキク栽培がアメリカで始ま

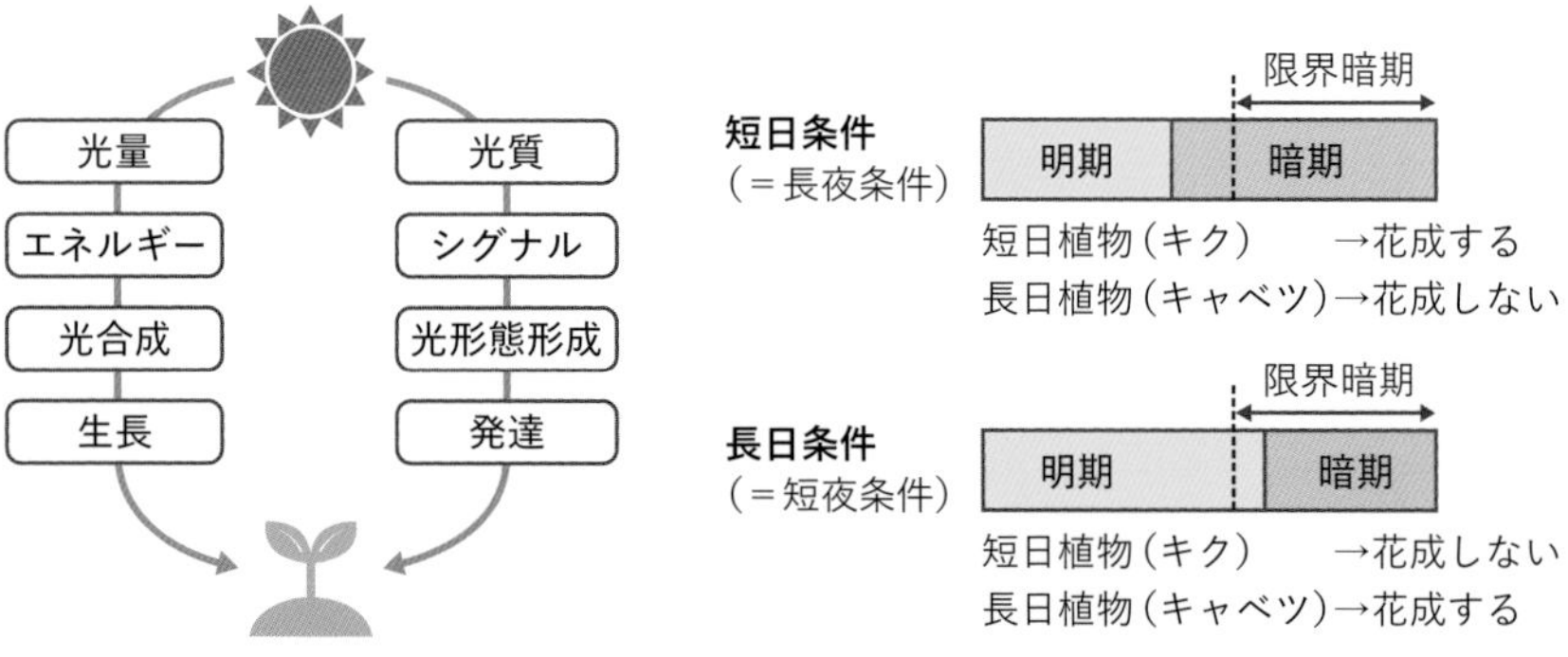

図6　光の役割（左）と日長に応答した花成（右）

った。

日本では１９３７年頃に、愛知県でアセチレンガスの炎光を人工照明としてキクの開花調節に使用したのが始まりとされているが、ガスの光なので「電照」ではない。１９５０年代以降に白熱電球が安価になり、「電照栽培」が普及した。メタルハライドランプや高圧ナトリウムランプは１９７０年以降に広まった。

１９９５年頃にはＬＥＤの植物への利用の研究が盛んに行われるようになり、２０００年代には、ＬＥＤは農業の実用化に向けて検討が盛んになった。このように、工学技術が園芸の発展に寄与している事例が少なからずある。

3 電照の方法

電照の方法は、人工照明の点灯時間により、図7のように分類されている。電照の効果の背景には、次に示す生理的な機構が関与しているが、光量（時間と強度）、光質（波長）、照射時間帯により、また作物によっても異なる。

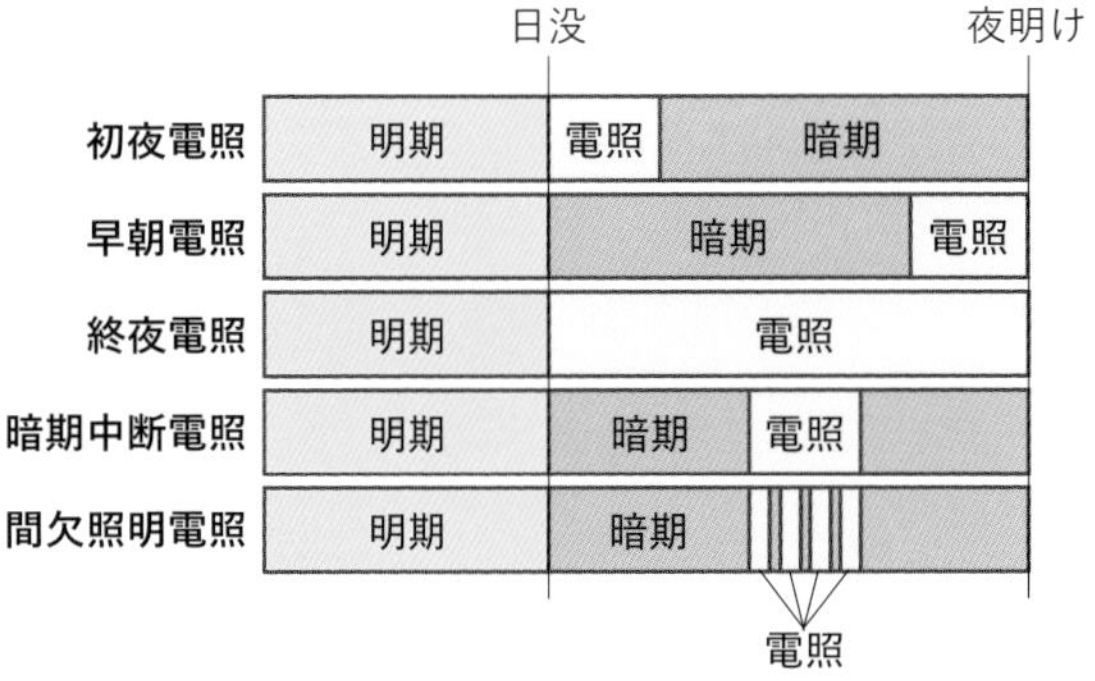

図７　いろいろな電照の方法

4 生理学上の大発見

日長や温度といった植物が季節を知る手がかりとなる外的な要因と、植物の生長段階といった内的な要因、この2つで花の形成の開始（花成）は決まる。

その存在が古くから（１９３４～１９３７年頃）予測されていた、花成ホルモンの遺伝子は２００５年に同定され、*FLOWRING LOCUS T*（ＦＴ）と名づけられ、２００７年にＦＴの産物であるＦＴタンパク質が葉から茎頂に輸送され制御をしていることが示された。これがフロリゲンの実態である。

5 電照と作型開発

イチゴは、短日と低温条件下で花成が誘導される短日植物の多年生の植物である。これは一般に栽培されている一季成り性の品種のことであるが、イチゴには四季成り性品種といって、花芽分化に短日が必要でない品種もある。短日性の原因遺伝子（*FvTFL1*）が特定され、一季成り性品種の茎頂部において、長日条件で高くなり、短日条件で低くなることが示されている。四季成り性品種は、この遺伝子の機能欠損により長日での抑制が解除されている。

イチゴは、特に夏の国内生産量が少なく、品質の良い四季成り性品種が求められる。これらの生理遺伝学の成果と電照技術（図8）の開発が相まって、新たな作型が開発される。

キクの大規模施設園芸における開花調節（左、オランダ）と、イチゴの施設栽培における電照（右、日本）。写真上部に電球とコードが見える。

図8　国内外の電照技術の例

※本文中、色文字で記した用語の解説は158ページ参照。

復習クイズ

第1問　短日植物、長日植物、中性植物を、それぞれ2つずつ挙げよ。

第2問　トマトは着花してから収穫まで1,200℃・日（デグリデイともいわれる）とされる。夏季の平均気温が30℃、冬季の平均気温が20℃とすると、それぞれ何日かかるか計算せよ。

第3問　日本においては、夏のイチゴの生産量がほとんどない。国産の生鮮イチゴを生産し供給する方法について述べよ。

（クイズの解答例は151ページ）

COLUMN

旬《しゅん》と作型開発

野菜の旬とは、その作物が自然環境により近い形で栽培でき、作物としての生産性のパフォーマンスが高い時期をいう。旬の物はよく市場に出回るため、値段も安価になる。漢字の「旬」は、月の上旬、下旬など、中国では「10日間」の意味でしかなかったが、日本では「一番良い時期」という意味が加わった。一方で、昔から日本では「初物を食べると75日寿命が伸びる」などと言われ珍重されてきたようであり、今でも産地からの初入荷品は希少価値から高値となる。例えば、夕張メロンは2個、500万円で競り落とされた（2019年）。

経営を考える場合、旬は出荷量が増え、単価が下がるので利潤を上げにくい。そこで「旬外し」を図るために、作型が開発されてきた。品種でいえば、より早く採れる早生《わせ》品種の開発、また逆に、遅くすると価格が上がる場合もあるため、晩生《おくて》品種の開発もターゲットとなる。これは、作型の基本で述べた分類型Ⅰに対応する（42ページ参照）。

もう1つの「旬外し」は、分類型Ⅱの環境制御ということになる。「イチゴの旬は？」と聞けば、「クリスマス」と答える消費者も多いと聞く。これは良食味の品種開発と合わせて環境制御技術が進化し、消費に対応できた結果ともいえる。日本の露地で栽培すれば4月がイチゴの旬になるだろうが、販売価格は低く経営が困難となる。消費者としては、まずは「旬」の野菜をしっかり摂取していただきたい。加えて、食卓を豊かにし、ともに生産者を支える視点で、多様な野菜を購入してほしい。

今や作型に支えられた、豊かな食生活が過去のものとなる可能性もある。世界全体で異常気象現象が長期的に増加しており、生産現場はその対応に苦慮している。環境制御が可能な施設生産には、食料の安定供給への、より一層の貢献が期待されている。

作業

第5章▼作業のきほん

播種と育苗

野菜栽培においては「苗半作」という格言がある。「苗が良ければ半分はうまくいったも同然だ」という意味である。逆に最初をしくじると、後で盛り返すのは至難の業である。

1 種子と培養土の準備

①種子消毒

種子を介して病気が伝染することもある。特に自家採取の場合は種子消毒を行う。薬剤による処理が一般的であるが、乾熱処理も有効である。市販の種子はあらかじめ消毒がしてあるため、消毒を行う必要はない(伊東ら、2013)。

②芽出し

希少種で種子数が少ない場合や、十分な発芽が得られないことが考えられる場合、例えば1日程度、種子を流水に漬けるなどして吸水させ、「芽出し」を行う。播種の時に芽の先を傷つけないように注意する。

一方で、種子加工により種子に生えている毛を取り除いたり、硬い種皮を取り除いたり、小さすぎて扱いにくい種子をコートすることにより扱いやすくした種子も普及している。これらの種子は発芽率が高く、発芽勢もよい。

③培地の準備

生産者が自ら作成する場合があり、これを「自家製培地」という。原土や堆肥にピートモス、バーミキュライト等の購入資材を一定割合で混和して作成する。自分で作成する場合も、**表1**の市販の培地の値を参考にするとよい。近年、育苗培地が市販されるようになり一般化した。市販のものは、①軽量である、②肥料を含むのでそのまま使用できる、③作業性がよいように調整されている、④熱処理などがされており、病害虫や雑草種子の混入の心配がない等の利点がある。

表１　育苗に用いられる市販培地の事例

水分（%）	EC（dS/m）	pH	窒素含量 mg/L	用途等	
30-35	0.5-0.7	6.2-6.8	150	粉粒状	果菜用
30	0.7	6.0-6.5	200		園芸一般育苗用
35	—	6.0-6.4	290-320	粉粒状	果菜用（ウリ科用）
—	—	6.5	300	粒状	果菜・葉菜用
—	1.2以下	6.0-6.5	1,500		果菜・葉菜用　土と混用
30	—	6.0-7.0	1,600		果菜・葉菜用　土と混用

※—はパッケージなどに記載がないことを示す。

培地選定の際は、野菜の種類や育苗期間など目的に合う培地を選ぶ。選ぶ際の目安は、まずは物理性で、保水性、排水性、通気性が十分であること、極少量の肥料も含みつつpHとECなどの化学性にも注意する。

2　育苗のポイント

①育苗の環境制御

育苗は、本葉2枚程度で鉢上げを行う場合もあるが、セルトレイに培地を充填・播種し、セル成型苗（セル苗）とする場合も多い。葉菜類はそれを圃場に定植する。果菜類の場合、トマトなどでは着花までは生育を抑制する方がよいので、セル苗を鉢上げして2次育苗する。一般に、鉢上げ直後はやや高温で管理、その後、適温管理が原則である。概ね昼25～30℃、夜10～15℃である（図1）。

②接ぎ木の目的とその管理

土壌伝染性の病害は、土壌を消毒するほか、病気に強い台木に接ぎ木して防ぐこともできる、我が国発祥の技術といってもよい（表2）。低温での伸長を促したり、草勢を強くしたりして多収にする。接ぎ木後の管理のポイントは、切断面の接着を促す管理であり、25～30℃程度の比較的高温で多湿（90～100％）、数日間は80％以上の遮光を行うことである。

1990年以降は購入苗の利用が一般化し、苗生産業者が生産農家から注文を取って、期日までに所定の規格の苗を届ける方式になった。特に施設園芸において分業化が進み、生産効率が向上した例である。

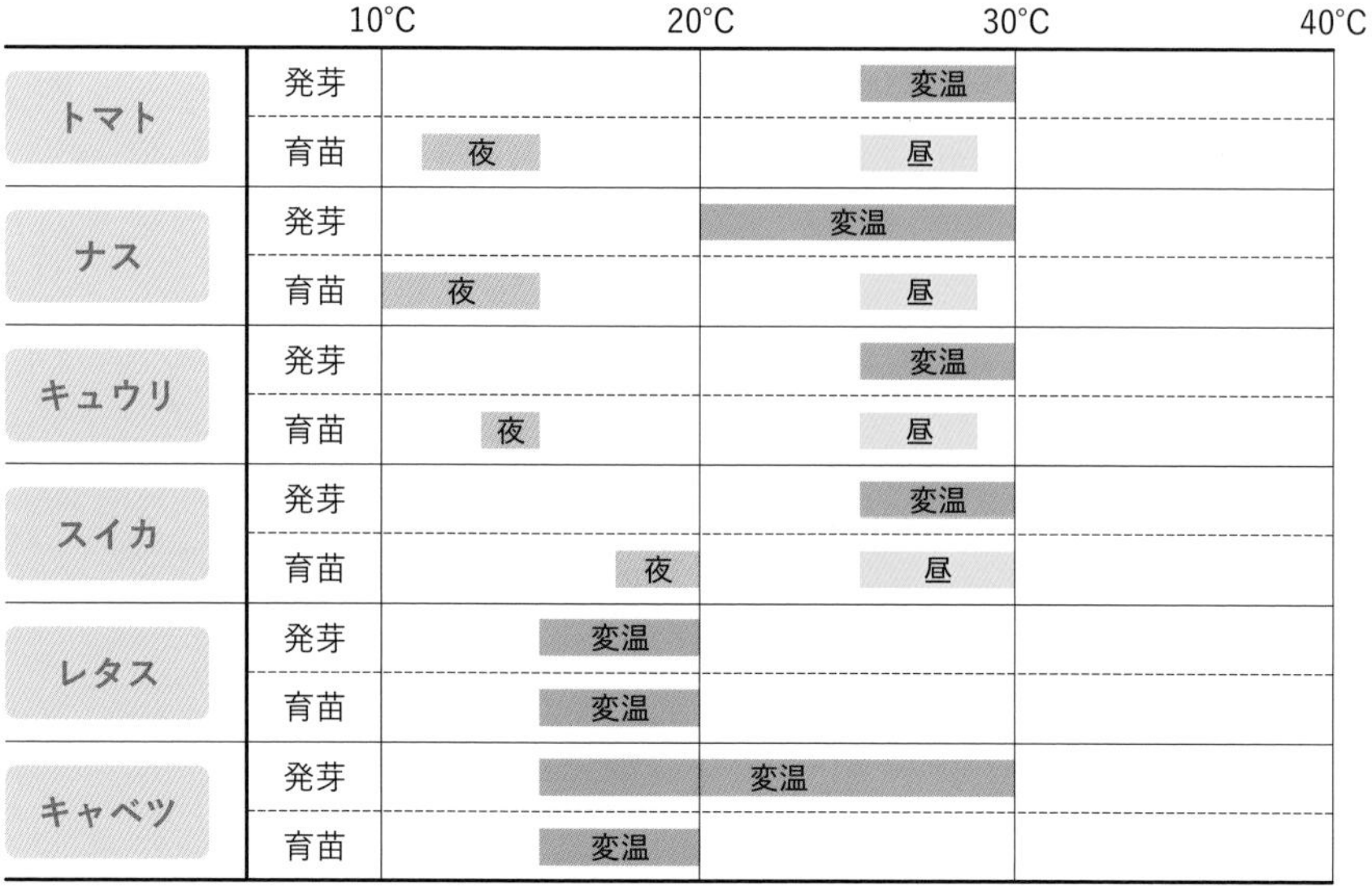

図１　発芽温度と育苗温度

表２　接ぎ木栽培における台木の特性

野菜の種類	台木の種類	台木の品種	接ぎ木目的
トマト	雑種トマト	ジョイント、バルカン、影武者、がんばる根、ドクターＫ	病害虫：萎凋病、褐色根腐れ病、青枯れ病、ネコブセンチュウ 多収：草勢強化
ナス	共台※、雑種ナス	耐病 VF ナス、カレヘン、台太郎	病害虫：半枯れ病、青枯れ病、ネコブセンチュウ 安定生産：低温伸長性強化
	野生種	ヒラナス、トルバム	
キュウリ	カボチャ	クロダネ	病害虫：つる割れ病、ネコブセンチュウ 安定生産：低温伸長性強化 高品質化：果実の光沢
	雑種カボチャ	新土佐、ゆうゆう一輝、ひかりパワー	
スイカ	ユウガオ	相生	病害虫：つる割れ病、ネコブセンチュウ 多収：草勢強化
	雑種カボチャ	新土佐	

※共台とは、同種異品種間の接ぎ木をする時の台木。

作業

潅水・施肥と圃場整備

野菜栽培においては、「水やり３年」という格言がある。「水やりだけでも会得するのに３年かかる」という意味である。水のやり方で、肥料の効かせ方の制御もできる。

1 育苗時の潅水、施肥のポイント

①潅水のポイント

曇雨天時を除き、培地の乾き具合を見て午前中に行う。プールベンチなどがある場合は、底面潅水するとなおよい。通常の苗の上からじょうろで潅水すると、病害が蔓延しやすい。底面潅水では病害発生が効果的に抑制できる。やはり、植物体が濡れる時間が長いと、病害のリスクが高まる。

最近では、「苗テラス」などの完全人工光型植物工場により育苗する営農者もある。この場合は底面給液であるし、閉鎖型であるので、病害虫の発生は皆無である。少なくとも、著者が実施した25年間、経験したことはない。

②施肥のポイント

一般に育苗中に葉の色が薄くなる場合は、まず薄い液肥を施すとよい。「苗テラス」の場合は、施肥はマニュアル化されており、ECで１程度の液肥も施用されるが、底面給液であることもあり、肥料の吸収は制限され、締まった苗ができる。購入苗が増えてきているが、これらの民間育苗会社は、苗テラスなどの人工光型植物工場を導入して、効率的に生産を行っている。

2 本圃での圃場整備と潅水・施肥のポイント

①病害虫の出にくい圃場

施設園芸で発生する問題の８割は病害虫に由来する。一方で、管理をきちんとすれば、かなりの病害を防ぐことができる。高度な環境制御により、天敵（生物農薬）が使用され、また農薬の使用量も制限できる。そして今まで、制御し難かった土壌病害は、少量の培地耕になればリスクも低減できる。しかし、現在の施設生産はまだまだ、土壌を用いた栽培が大半であることも事実である。

本圃の管理の1丁目1番地は、土壌病害の持続的な管理である。化学農薬による土壌消毒ではなく、太陽熱など自然エネルギーを活用した消毒は、施設生産では合理的であるので、隔離床栽培と合わせて普及することが望ましい。

②潅水のポイント

潅水の目安には、土壌の水ポテンシャルが共通指標となる。pF（ピーエフ）での表現もあるが、Pa（パスカル）で議論するようにする（表3）。

基本、極端な乾燥や過湿状態にしないことがポイントである。品目によって、トマトは乾燥気味に管理、キュウリやイチゴは水分を高めに管理するなどの大まかな傾向は理解しておく必要がある。テンシオメータで値を見ながら管理するが、自動で水分をモニタリングし、潅水制御ができれば上級者である。

③施肥のポイント

いつ、どこに、どれくらい、どのようにやるかがポイントである（表4）。土耕の場合は、土壌の性質を理解しておくと、より適切な施肥ができる。

表5に、土壌の種類の特徴と改善のポイントを示す。

④効率化のための養液土耕（潅水同時施肥）

施設では、潅水や施肥の労力は馬鹿にならない。細かく管理するゆえに高品質多収にもなるが、今では養液土耕装置も普及しており、ぜひ活用したい。適切な水分および肥料条件に制御できるだけでなく、施肥や潅水にかかる時間が劇的に減る。

表3　本圃における潅水のポイント

MPa	pF	水中の高さ(cm)	MPa	値の意味	栽培以上の意義
0.005	1.7	50	－0.003～－0.006MPa	圃場容水量	大雨の後、2～3日目に排水性の良い土壌が保持する水分
0.05	2.7	500	－0.05～－0.1MPa	毛管連絡切断点	
0.1	3	1,000			生長阻害水分点（-0.1MPa）：植物の蒸散や光合成が低下するポテンシャル値
0.5	3.7	5,000	－0.6MPa	初期萎凋点	植物が日中一時的に萎れる水分量
1.5	4.2	15,000	－1.5MPa	永久萎凋点	植物が萎れて枯死する水分量

表４　本圃における施肥計画の４つのポイント

ポイント	注意点とその例
いつ（時期）	元肥と追肥の割合は適切か？ 例：施肥効率と作業効率を最大化させる時期。
どこに（位置）	目的にあった位置に施肥されているか？ 例：局所施肥や全層施肥。
どれくらい（量）	品目や生育期間に合った施肥量になっているか？ 例：N、P、Kなどの適正割合は品目により異なる。
どのように（形態）	目的の施肥効果が得られるか？ 例：緩効性肥料、液肥。

表５　土壌の種類の特徴と改善のポイント

土壌の種類	特徴	改善のポイント
粘土質土壌	・保水性が良く、水分不足にはなりにくい。 ・通気性が悪く、根が酸素欠乏になりやすい。 ・保肥力が大きく、肥料の持続性が長い。 ・根の長い根菜類には向かない。	・物理性の改善を第一に考え、肥料成分の少ない堆肥などを入れる。 ・高畝にする。 ・排水溝などを整備する。 ・圃場の排水性、通気性を総合的に高める。
火山灰土壌	・耕土が深く柔らかいので、特に葉根菜の栽培に適する。 ・リン酸の固定力が大きいので、作物がリン酸を吸収しにくい。	・石灰質肥料により酸性土壌の矯正が必要な場合もある。 ・不足しやすいリン酸肥料に着目して適正な施肥を行う。
砂質土壌	・保水力や保肥力に乏しい。 ・特に乾燥害を受けやすい。 ・生育の後半に肥料切れを起こしやすい。	・堆肥施用や緑肥の作付けとすき込みにより、保水力と保肥力を高める。 ・マルチや潅水により水分を保持する。 ・分施や緩効性肥料を活用し、生育後半の肥料切れを回避する。

作業

間引き、摘果と摘葉、収穫および選果

1 間引きと摘果と摘葉

①間引き

葉菜類では、狭いハウスで条播きをした場合、成長に従って株間を調整する場合（間引き）もあるが、発芽率が向上していること、種子代の節約、労力の低減のためにも、セル苗などで育苗した苗を定植するのが合理的なこともある。直根性であり、セル苗には適さないといわれていたホウレンソウ栽培でも根が浅くなり、逆に生育がよくなる場合もある。また、ベビーリーフではハウス全面に播種し、収穫まで中に入らない栽培方法もある（図2）。既存のやり方ではない新しい発想も必要であろう。

ベビーリーフは直接播種し、収穫もバリカンのような刈り取りで行う（左）。簡便な商材で消費も伸びている（右）。

写真提供／（株）HATAKEカンパニー

図2　ベビーリーフの播種

②摘果と摘葉

植物に負担をかけず、病害を拡散しないためにも、なるべく摘果と摘葉はしないに越したことはないが、果菜類では必須の技術である。基本、伸ばす必要のない脇芽や出荷できない奇形果などは、小さい時に切除する方がよい。その時、熟練農業者の場合は器具を使わず、手などで取る方が作業効率および病害リスクの低減という点からも合理的である。

2 収穫および調製・選果

①収穫作業

葉菜類　一斉収穫を行うことが多いので、収穫に伴う病害の拡散を意識

収穫バサミは消毒を頻繁に行い、番号を付けて整頓・管理する。

図3　使用器具の5Sの徹底

音声式選別はかり「分太Ⅱ」。
写真提供／（株）宝計機製作所

図4　音声式システム秤

することは少なくないが、ハウスごとにずらして栽培している場合は、病気を別のハウスに持ち込まないよう作業者のハウス間の移動を最小限にして配置をすることが重要である。また、作業者の姿勢を適切に管理する、収穫後の調製がより簡便に、また効率的になるように用具を調達するとともに、作業の工程などは綿密に確認を行う。これらの工程を適切に見直すことにより、総合的な生産性が向上する。

果菜類　ハサミを使用する場合は、病害およびウイルスの蔓延には十分に配慮する。ハサミは消毒を頻繁にするとともに、管理する列ごとに配置することが望ましい（図3）。

②調製・選果作業

葉菜類　黄化した外葉などを取り除き、袋詰めの作業を行う。ホウレンソウでは根切り装置なども開発されているが、さらなる効率化が必要である。

果菜類　イチゴなどは農家でグレーディング（大きさごとに分けること）を行い、パック詰めして出荷する形態が多い。収穫物の重さを音声で知らせるシステム秤（図4）は、小規模のイチゴ栽培農家で使用されている。

3　5Sの徹底

収穫および調製・選果は、自動化が難しい作業である。そのため病害の入り込むリスクが高い作業工程といえる。ここでは特に、整理、整頓、清掃、清潔、しつけの「5S」の徹底が望まれる。使用する器具についても5Sを徹底する（図3）。

作業

施設生産における作業環境と作業時間

施設での労働を考える上では、①作業環境と、②作業時間に関する視点がある。実際の施設園芸では、相当の部分を人手に頼らざるを得ない。経営者は作業者への配慮が必須である。

1 作業環境

①圃場現場での作業姿勢

しゃがむ姿勢などは労働負荷が大きいが、栽培システム自体を見直すことにより、劇的に改善することもある（図5）。これには一定の投資が必要であるが、簡単な器具の導入でも改善が図られる。腰掛台車などはその典型である。草取りなど農作業での、長時間しゃがむ姿勢による労働負荷を低減でき、立ったり座ったりの繰り返し動作を減らすなどの効果がある。運搬には四輪台車などを使うと、畝に沿って野菜・果樹を収穫しながら、台車に載せて運搬することが可能である。

作業のローテーションも有効である。立ち作業と座り作業を交互にできるようにする。重いものを運ぶなどの作業が続く場合には、時々簡単な作業を取り入れるなど作業内容を配慮する。また1人に負担が集中しないように複数でローテーションを

イチゴの管理および収穫作業の効率は、高設栽培により飛躍的に改善する。

図5　高畝イチゴ栽培（左）、高設イチゴ栽培（右）

組み、交代しながら作業を行う。夏場の施設での作業は普段よりも疲労がたまりやすいので、休憩時間の頻度を上げる、休憩場所の適切な空調、熱中症対策が重要である。

②調製現場での作業姿勢

調製作業は空調の効いた部屋で行える分、作業は楽であるが、連続作業になるため、やはり作業効率を上げる配慮が必要である。例えば、作業台の色は目の疲れに影響する。作業台を暗い色から白などの明るい色に変えるだけで、農作業での目の疲労が軽くなるといわれている。また、作業に関係ないものは片付けてテーブルに置かないことも、事故や異物混入など不測の事態を軽減する上で重要である。

③服装にも気をつける

大量に汗をかく夏場の農作業時には、汗をよく吸収し、乾きやすい吸汗速乾素材のものを選ぶ。空調服もよい。靴も特に夏場は蒸れにくい通気性のよい靴、事故防止のため滑りにくい靴がよい。施設内は強い日差しとなるため、帽子をかぶる。衿は日焼けしやすい首元も守る。アルミ素材の帽子は反射で熱を遮り、保冷剤が入れられるタイプは熱中症予防になる。

2 作業時間

施設野菜にかかる労働負担は、潅排水・保温換気・管理と収穫・調製で大きい（図6）。

そのほかイチゴでは、育苗・包装・荷造・搬出・出荷も大きい。特に経営者は、時間が多くかかる工程に着目して効率化を図る。

3 作業と技

施設内の作業には、「匠の技」と呼ばれるものがある。これは暗黙知であり、例えば匠と呼ばれる人は摘葉をしつつ、病気の発生具合などの情報を読み取り、防除計画に役立てるなどしており、1つの作業だけをしているわけではない。ほかにも「メガネが曇るのはキュウリにとって良いハウスである」とか、「トマトで生長点が弱っていれば脇芽を残しておく」などは、経験により会得されていくようなものである。かなりデータ化、マニュアル化されているが、特に園芸は、実際に体験することに意味がある。

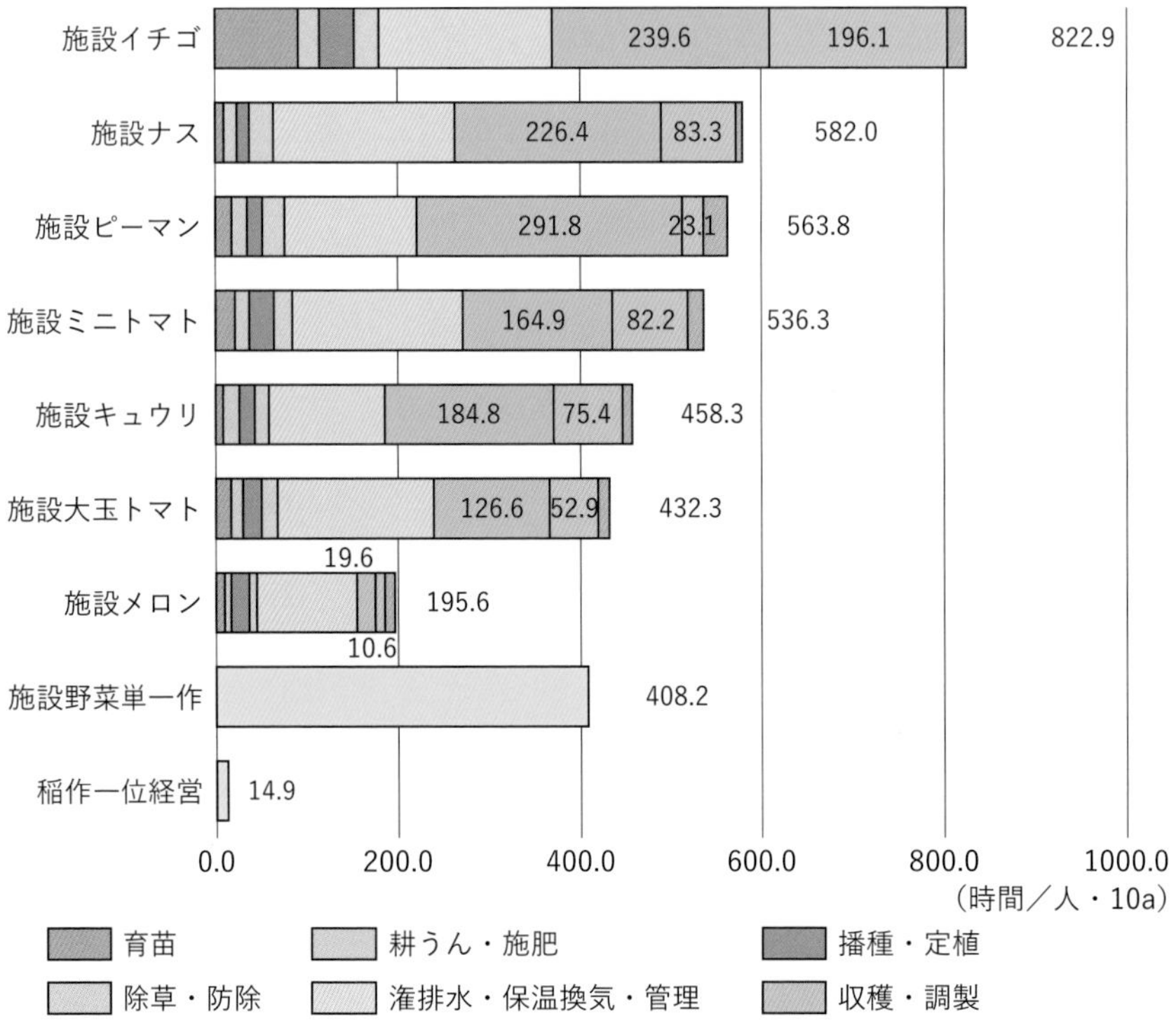

出典：農林水産省「営農類型別経営統計」（作業別部門労働時間は平成24年調査、その他（黄色）は平成27年調査）

図6　主要施設野菜の作業別部門労働時間（人・10a当たり）

復習クイズ

第1問　pFが4.2とすると、それは何MPaになるか。また、その値の水ポテンシャルで植物はどのようになるか述べよ。

第2問　イチゴは収穫および調製時間が労働時間の多くを占める。年間1,000時間とした場合、その作業をパートタイム雇用で実施した場合、いくらになるか計算せよ。ただし、時給1,500円とする。

第3問　5Sとは何か、説明せよ。また、なぜ施設生産で5Sが重要なのか、3点ポイントを挙げて200字程度で述べよ。

（クイズの解答例は151ページ）

※本文中、色文字で記した用語の解説は157ページ参照。

COLUMN

作業の楽しみと園芸療法

施設園芸は、圃場内の起伏がないように設計が可能である。つまり、車いすでも作業ができるようなバリアフリー環境にもなりうる。また、作業も平準化され、分業化され、多様な人材を受け入れる場となりうる。重労働や、苦行のような繰り返し作業には、ロボット開発に期待がかかるが、作業は苦しいだけではなく、楽しみの側面があることは事実であろう。理想とするのは、ロボットによる軽労化と、ロボットとの協調作業による快適な作業環境の整備であろう。

さらに、このような園芸環境が積極的に人を癒やす場になる可能性もある。例えば、園芸療法（Horticultural Therapy）と呼ばれる活動がある。心や体を病んだ人たちのリハビリテーションとして園芸を利用するものである。1950年頃からアメリカ合衆国や北欧で始まり、アメリカでは戦争からの帰還兵の心の癒やしの手段として、北欧では障害者の社会参加を導く手段として発展している。

日本では1990年頃から導入が始まり、「農福連携」などの取り組みとしての発展が期待されている。園芸療法の根底には、作業をすることにより心が落ち着くという行動療法の考え方があるだろう。

さらに、単純な作業でも、目的があるのとないのとでは感じ方が異なるなど、動機づけや楽しみといった心理学的な側面での評価も必要だろう。このような定量的に測り切れない曖昧な領域を、どう評価していくのかは今後の課題である。

社会システムとして植物工場が組み込まれていくためには、今まで俎上に載せにくかった、このような「境界領域」を、「社会学」や「心理学」など、多様な価値観により評価する必要があるだろう。

第6章 ▼ 品種活用のきほん

園芸品目の種類と品種

1 多様な園芸品目

①種苗とは

園芸品目（トマト、レタスなどの種類）は多様性に富む。それは様々な品種が存在するからでもある。ヒトは1万年前に農耕を始めたといわれるが、より収量が多く食べやすい植物の種《たね》や苗を増やしていった。農業上、生産のもととなる種苗は、「たね」とか「たねもの」と総称されるが、これには植物学上の「種子」のほか、「栄養体の一部」など広範囲のものが利用されている。

図1に、野生種と栽培種の特徴を比較した。

②増殖方法

植物学上の種子を「たね」として利用しているのは、もっぱら野菜と花きである。野菜類には、ウリ科、ナス科など多くの野菜が含まれる（図2）。

外観上は種子であるが、厳密には果実を「たね」として利用している野菜に、セリ科（ニンジン、セルリー、ミツバ等）、キク科（ゴボウ、レタス、シュンギク等）、シソ科（シソ等）がある。仮果が「たね」となっているものにヒユ科（ホウレンソウ、ビート等）がある。

このような種子繁殖のほか、栄養繁殖も重要な「たね」の増殖法である。栄養体には、地上茎（カンショ、ウド）、匐枝《ふくし》（イチゴ）、珠芽（ヤマノイモ）、塊茎（バレイショ、サトイモ）、塊根（ヤマノイモ）がある。これらは、①種子繁殖が難しい場合、②種子からでは育苗に長期間を要する場合、③品種としての斉一性の担保が難しい等の理由で、栄養体が「たね」として利用されている。

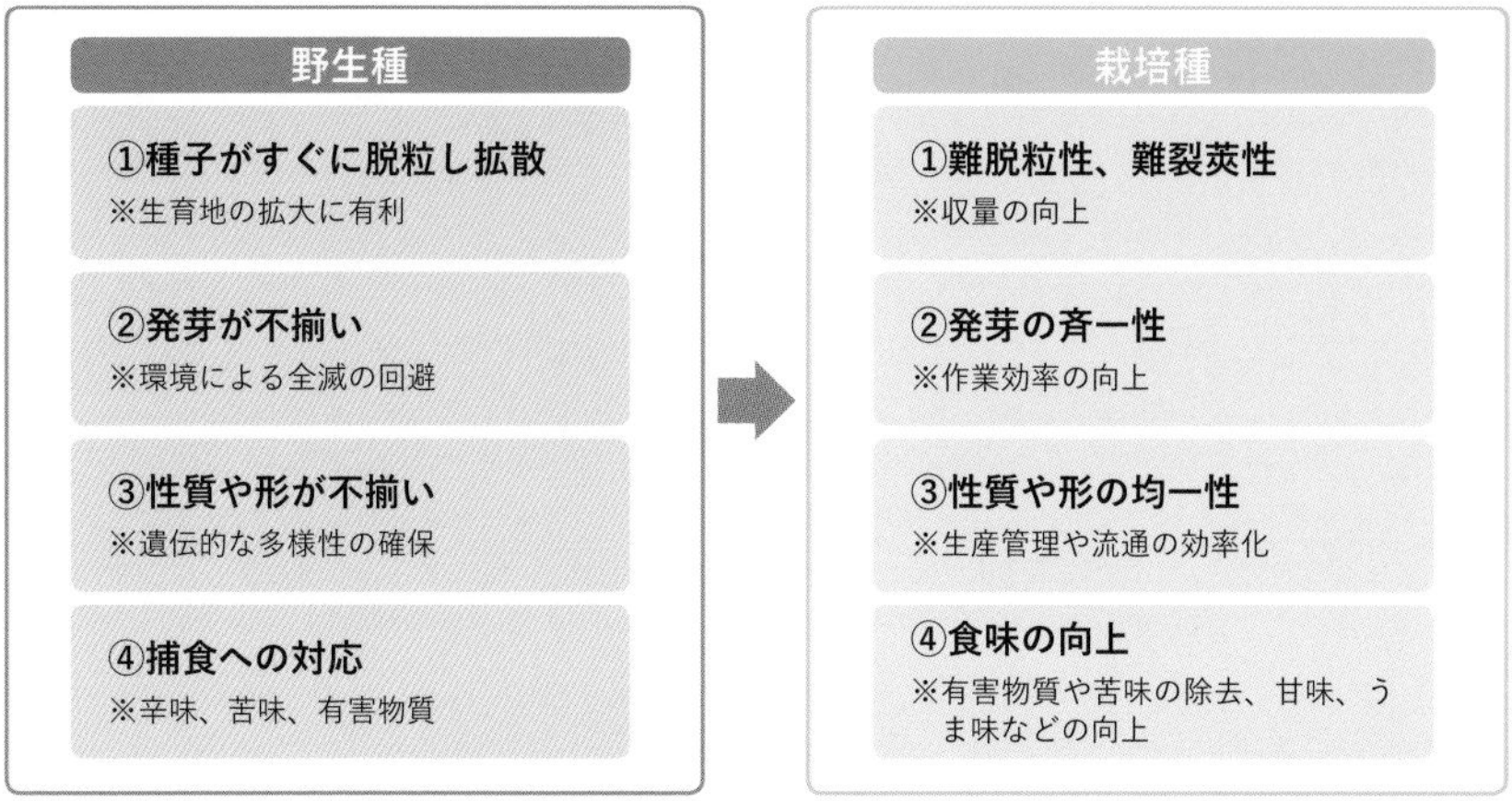

図１　野生種と栽培種の比較

図２　主な野菜の分類と指定野菜・特定野菜

2 野菜の品目と品種

なじみの野菜と、行政上、重要な野菜の情報等を付加し、分類した（図2）。

農林水産省が定める指定野菜は14品目（キャベツ、キュウリ、サトイモ、ダイコン、タマネギ、トマト、ナス、ニンジン、ネギ、ハクサイ、バレイショ、ピーマン、ホウレンソウ、レタス）、全国的に流通し、特に消費量が多く重要な野菜である。特定野菜は35品目（コマツナ、チンゲンサイ、アスパラガス、ニラ、カリフラワー、ブロッコリー、カボチャ、カブ、ゴボウ、レンコン、イチゴなど）、地域農業振興上の重要性から指定野菜に準ずる重要な野菜である（2021年7月現在）。

3 果樹の品目と品種

①果樹育種の特徴

果樹は永年性木本植物が多く、①実生から開花までの時間が長い、②個体が大きく管理の労力が大きい、③雑種性が強く世代促進が難しい、④優良品種間での交雑が難しい。一方で、⑤一度優良品種が得られると栄養繁殖が容易、⑥枝代わりなどの突然変異による優良品種も多い。

②果樹の品種管理

「果樹種苗協会」が窓口となって管理している。全国の苗木業者に対して新品種の権利利用希望の取りまとめ、育成者権の利用料の各苗木業者からの徴収等を行っている。ラベル付与を義務づけ、ラベルのない不正苗との判別が可能となっている。

4 花きの品目と品種

花きは、ホームセンターでも見かけるように、多様な種子も販売されていているが、苗の生産、販売も盛んである。

花き類の無性繁殖は、①挿し木と②株分けによるものが多いが、③鱗茎を用いるものもある。特に挿し木は、種により適切な部位が決まっており、枝挿し（サルビア、ゼラニウム等）、頂芽挿し（カーネーション、キク、マリーゴールド等）、葉挿し（セントポーリア、ベゴニア等）、根挿し（シャクヤク、ニホンサクラソウ等）などの手法で「たね」を増やす。

品種活用

種子の管理のしくみと採種

1 種苗法と育成者権

①国際化に対応した種苗管理

種苗法は、植物の新品種の創作に対する保護を定めている。新たな作物品種の創作者は、品種の登録によりその権利を占有できる。現在の種苗法は、植物の新品種の保護に関する国際条約（1991年）に基づき改定された。この権利は、特許権のしくみとよく似ている。例えば、日本国内で開発された品種（栃木県が育成したイチゴ「とちおとめ」など）が、中国や韓国において無断で栽培され、日本に逆輸入される事件があり、農林水産省では育成者権の侵害対策強化に乗り出している。

②種苗法の改正

一般品種と登録品種について述べる。種苗法において保護される品種は、新たに開発され、種苗法で登録された品種に限られる。それ以外の一般品種の利用は制限されない。

2 育種と採種の基本

①育種の基本

様々な品目において優れた品種がある。産業としては、F_1育種に立脚した種苗生産が盛んに行われ、効率的な農業生産の基盤となっている。

②自家増殖

農家自身で、「たね」を増やすことを自家増殖という。種苗法の改正（2019年）においても、自家増殖は一律禁止にはなっていない。また、利用されている品種はほとんどが一般品種であり、自家増殖してよい。

自家増殖に許諾が必要なのは、国や県の試験場などが年月と費用をかけて開発し、登録された「登録品種」である。登録品種でも、許諾を受ければ自家増殖は可能である。例えば、イチゴは農業者が親株を購入し、増殖し栽培される。登録品種であれば、現在も許諾に基づいて増殖されている。

その他、カンショは農業者が増殖用の種イモを購入し、種イモから「つ

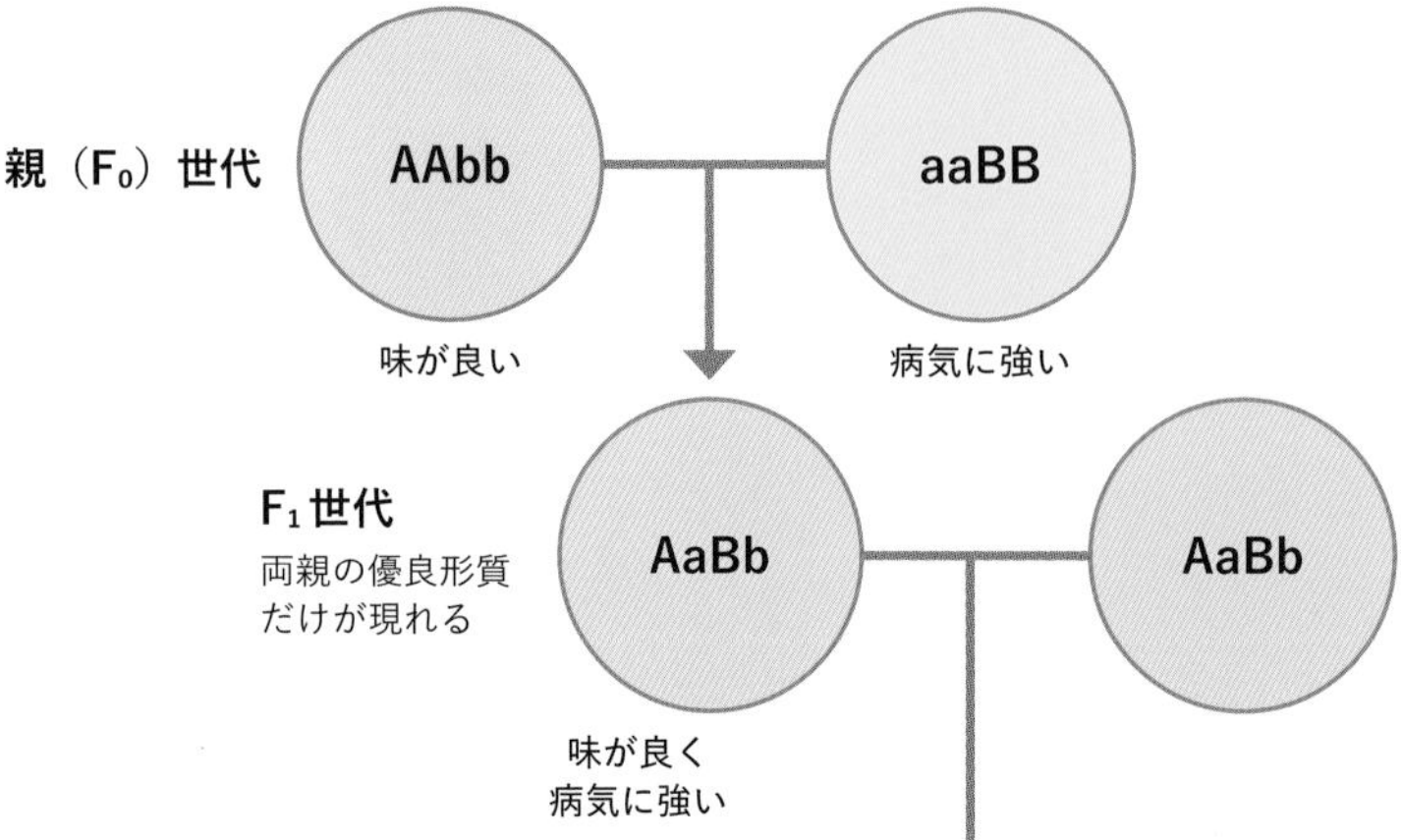

F_2世代
味が良くて病気に強いのは56%
（※右の場合、9/16）

AABB	AABb	AaBB	AbBb
AABb	AAbb	AaBa	Aabb
AaBB	AaBb	aaBB	aaBb
AaBb	Aabb	aaBb	aabb

持たせたい形質が2つの場合、大文字は顕性、小文字は潜性を示す。

図3　F_1育種のしくみ

る苗」を採って増殖した上で栽培される。登録品種であれば、現在も許諾に基づいて増殖されている。一方で、農業者が自分で増殖した登録品種のつる苗を譲渡することは、従来から許諾が必要な行為である。

③自家採種

生産者が、栽培した作物から次の作付けに必要な種子を自前でタネ採りすること。実際、種子の多くは市販種子として流通しているが、その多くが一代雑種（F_1品種）であり、自家採種するとメンデルの法則により形質が分離して、親と同じ形質ではなくなる（図3）。

自家採種で親と同じ形質が得られるのは「在来品種」や「固定品種」からである。つまり、同じ形質が伝わるように農家が栽培しながらタネの採り方を代々伝えてきた品種であ

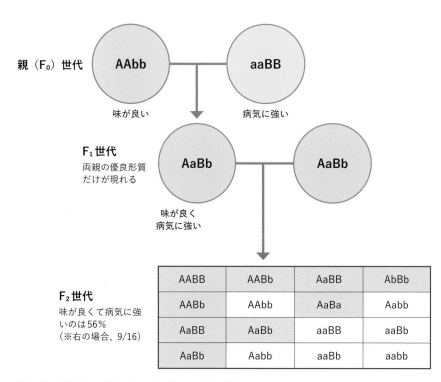

表１　野菜類の主な花芽分化条件（上）と、得られた種子の寿命（下）

要因			品目名
栄養（中性植物）			トマト、ナス、ピーマン、キュウリ、サヤインゲン
日長	短日		キク、サトイモ、カンショ、シソ
	長日		ホウレンソウ、シュンギク、ニラ、ラッキョウ
温度	低温	種子春化型	ダイコン、ハクサイ、サヤエンドウ、ソラマメ
		緑植物春化型	キャベツ、ブロッコリー、セルリー、ネギ、タマネギ、ニンニク、ニンジン、パセリ、ゴボウ、イチゴ
	高温		レタス

種子の寿命		品目名
長命	４～６年（それ以上）	トマト、ナス、スイカ
常命	３～４年	キュウリ、カボチャ、ダイコン、カブ、ハクサイ、ツケナ
	２～３年	トウガラシ、サヤエンドウ、サヤインゲン、ソラマメ、キャベツ、レタス、ホウレンソウ、ゴボウ
短命	１～２年	エダマメ、スイートコーン、シソ

種子の寿命は目安であり、乾燥程度や保存条件で寿命は変わる。低温乾燥が保存の基本である。

る。実際の採種には、植物ごとの開花特性（表1上）と、保存特性（表1下）を理解しておく。この他、植物には自殖性作物と他殖性作物があることも理解しておく。

　自殖性作物では、品種の退化は起こりにくい。しかし、すべての花が自殖を行う例は稀である。採種した種子中の他殖種子の混入率が４％以下までは自殖性作物なので、毎回選抜が必要である。

　一方、後者の他殖性作物では、品種を維持するにはより労力が必要である。他品種との交雑を避けて種子を生産する必要がある。採種圃場の近くに同種の異品種や異株が生育していると交雑するので、品種の維持が困難になる。少量採種なら施設の利用や、植物体への袋掛けと人工交配とを組み合わせて維持する。

品種活用

施設園芸における品種利用の例

1 野菜

トマト　「鈴玉《りんぎょく》」（図4上左）は、多収のオランダ品種と良食味の日本品種を交配して作成された新品種である。糖度5で、収量55t／10aが生産可能である。このような育種アプローチが可能であることを実証した画期的な品種である。

ナス　種子を生じない単為結果性の品種。切り口が美しく、漬物などの見栄えがよい。高温および低温でも着果性に優れることもポイントである。収量が改善された「あのみのり2号」（図4上右）がおすすめ。

イチゴ　「恋《こい》みのり」（図4中左）は、果実が硬めで日持ち性および輸送性が高い品種である。2L以上の大玉率が高く、収穫最盛期には大玉率が8割以上にもなる。果房の伸びがよく果実を見つけやすく、粒の揃いがよいため、収穫・調製作業の省力化も可能な品種である。

ホウレンソウ　草姿は極立性で葉の絡みが少なく収穫が容易である。葉柄はしなやかで折れにくいため、調製時の作業性が向上する。「弁天《べんてん》丸《まる》®」（図4中右）は、くせのない食味で、ルテイン含量が比較的高い品種である。

レタス　植物工場での生産が増加しているが、葉先が枯れるチップバーンがその歩留まりを低減させている。日本のベンチャー企業（リーフラボ）により有効な品種が生産販売される予定で、今後の普及に期待が持たれている。

2 果樹

温州ミカン　温州ミカンに多く含まれているβ-クリプトキサンチンは、骨代謝の働きを助けることにより、骨の健康維持に役立つことが報告されている。

ブドウ　「シャインマスカット」は、皮ごと食べられる良食味の人気品種。特に、べと病等の病害は雨よけ栽培でかなり回避することができる。省力栽培技術もマニュアル化されており、施設化が進むと思われる。

ブルーベリー　隔離床による養液土耕栽培や養液栽培などの技術開発が行われている。収穫・調製には労力を要するが、大玉系の品種の導入などで消費も増えている。

左：トマト「鈴玉」、右：ナス「あのみのり2号」　　写真提供／農研機構〈2点とも〉

左：イチゴ「恋みのり」写真提供／農研機構。右：「弁天丸®」写真提供／タキイ種苗（株）

左：八重咲きのトルコギキョウ。右：カーネーション「カーネアイノウ1号（販売名：ドリーミィーブロッサム）」は農研機構と愛知県との共同育成品種。写真提供／農研機構〈写真右〉

図4　野菜・果樹・花きの品種利用の例

イチジク　養液栽培が検討されている。土耕による早期加温栽培と比較しても、高品質・高収量の果実が得られており、施設によるイチジクの周年供給も可能となっている。

3　花き

トルコギキョウ　トルコギキョウ（図4下左）の品種は「サカタのタネ」が世界の占有率75％である。生産技術としては養液土耕栽培や養液栽培が確立されており、今後品種と生産技術をパッケージ化した普及拡大が図られる。

カーネーション　「カーネアイノウ1号」（図4下右）は遺伝的に優れた花持ち性を示す品種で、花持ち日数は従来品種の約3倍である。

品種活用

世界の種苗業界の展開と新技術の動向

1 世界のバイオメジャーと遺伝子資源の状況

育種の状況としては、バイオメジャーの再編が進み、市場が寡占化している。バイエル、コルティバなどの世界大手は、日本の大手、タキイ種苗、サカタのタネの20倍の売り上げである。これらの企業にどう対峙していくのか、日本として戦略が求められている。

ドイツでは、オオムギにおいてジーンバンクの活用が図られつつある。単なる保存施設から研究や育種促進施設への転換を図っている。つまり、オオムギの遺伝資源2万点についてゲノム情報と形質情報を集積・結合させ、ＩＴプラットフォームを形成している。

ジーンバンクの状況については、我が国は今のところ世界6位の保管体制で世界トップレベルである。イネゲノム解読については、世界を主導した実績もあることは世界的にも知られているが（図6）、園芸分野でも存在感を示す必要がある。

2 種子の検査と管理の実際

農林水産省が定めた「指定種苗の生産等に関する基準」（図5）に基づく発芽率に対して、生産現場では85％以上、ペレット種子では90％以上が求められる。密封包装の場合は、この図以下の含水率にする必要がある。販売種子のパッケージには種苗法が定める、①発芽率、②有効期限、③産地および農薬処理の有無が表記されている。

種子の適切な保管には、種子の含水率と温度が多く影響する。種子の老化の原因は、酸化を端緒とする化学反応が起こることで、種子成分が変性して機能しなくなることである。経験則として、①種子の寿命は種子の含水率が1ポイント増加するごとに半減し（含水率5～14％で成立）、②保管温度が5℃増加するごとに半減する（0～50℃で成立）。含水率は貯蔵物質の構造に組み込まれている「結合水」と、溶媒として流動性

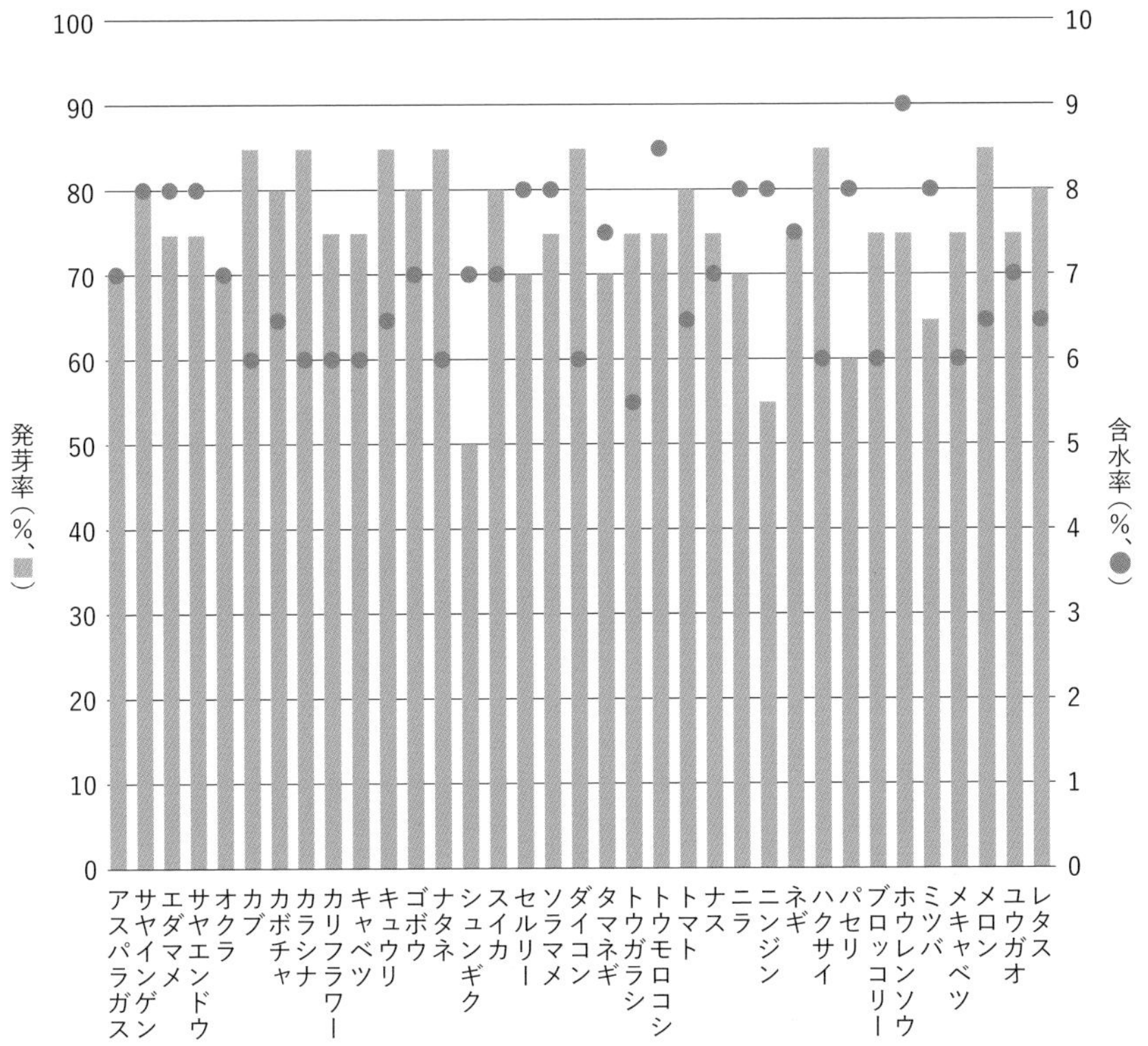

図５　指定種苗の生産等に関する基準

を高める「自由水」があるが、「結合水」までなくなる極端な乾燥をするとダメージを与えることになる。「自由水」がなくなる程度に乾燥で細胞内の流動性を低下させ、老化につながる反応速度を究極まで低下させる。この他、プライミング（発芽促進処理）種子は普通種子より劣化しやすいので、保存には特段注意する。

3　ゲノム編集などの展開

ゲノム編集技術は、CRISPR/Cas9等の「ハサミ」となる核酸・酵素複合体を用いて、ゲノム上の狙った個所を切断し、ＤＮＡに変異を導入する技術である。ゲノム編集で目的の遺伝子を働かなくして、効率的に特定の形質を変えることが可能である。

血圧を下げるＧＡＢＡ（γアミノ酪酸）を多く含むトマトがゲノム編集で開発された。さらにシンク能力（もみ数）を多くした多収イネ、天然毒ソラニンを低減したバレイショがゲノム編集で開発されている。

4 ゲノム情報の整備

今後もゲノム配列は読まれ、情報として蓄積、整理されていく（図6）。今後は様々な遺伝子情報を集積し、形態情報なども合わせて解析することで、その意味が明らかとなる。それを効率化するためのＩＴプラットフォームを形成する必要がある。

※本文・図中、色文字で記した用語の解説は157ページ参照。

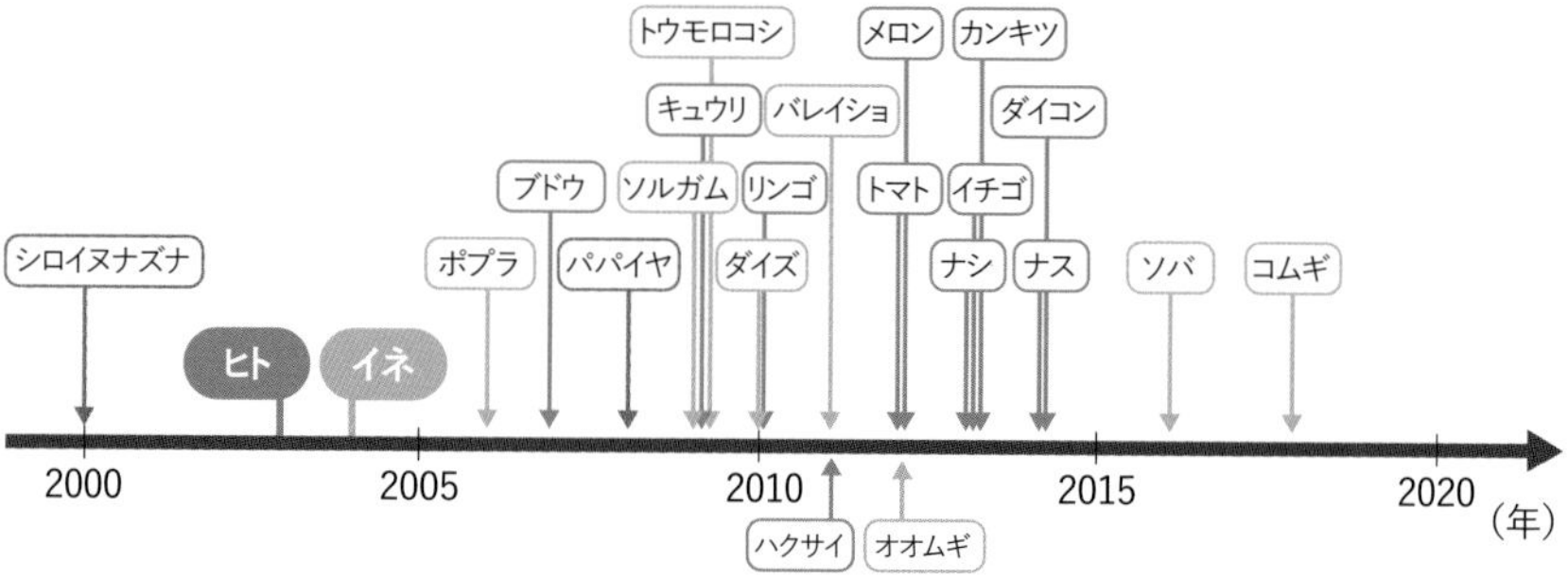

全塩基配列の解読完了年。ヒトゲノムは2003年、イネゲノムは2004年に全塩基配列の解読が完了した。

図6　進む全塩基配列の解読

復習クイズ

第1問　レタスの種子を自家採取する。1株当たり1,000の種子がつくとして、定植密度、10株/㎡で、100㎡ハウスで種採り用の栽培をする場合、最終的な歩留まりが10%として、何粒の種子が得られるか計算せよ。収穫は年1回とする。

第2問　種子の寿命は種子の含水率が1ポイント増加するごとに半減し、保管温度が5°C増加するごとに半減する。含水率5%で保管温度5°Cの種子が、保管装置の不具合で含水率が7%と10°Cになってしまった場合、80%あった発芽率は、どの程度低下するか計算せよ。

（クイズの解答例は151ページ）

COLUMN

園芸品目にまつわる分類と言葉

1. 野菜なのか、果物なのか

アメリカ合衆国農務省の分類では「トマトは野菜」である。この分類は遡ること1883年に制定された「輸入野菜に対する課税法」を巡って争われた裁判の結果である。この法律では、輸入野菜の関税は10%、輸入果物の関税は0%である。農産物輸入業者が「トマトは果物」と主張して関税の返還を求めた。最高裁まで争われた結果、「トマトは野菜」となったのである。

一方、今の日本では、糖度が8以上の「果物」のように甘い「フルーツトマト」が人気の商品のひとつである。トマトなので、野菜として分類されるのはもちろんであるが、名前としては紛らわしい。メロンもイチゴも日本では野菜であるが、「果実的野菜」として、あくまでも「野菜」として認識すればよいだろう。

2. カタカナとひらがな

野菜の名前は、基本的にはカタカナで書かれる。これは明治時代に植物分類学ができた際、植物名はカタカナ表記と決まったことによる。しかし、古くからあった野菜は、一般的にひらがなで記載される。明治以降、海外から入ったものはカタカナで書かれる。今でも農林水産省関係の法律や統計では、ひらがなとカタカナの名前が混在している。科学的な研究書ではカタカナ表記が一般的である。

3. リコピンとリコペン

トマトの赤い色素は、lycopeneという。これは英語読みで「リコペン」、ドイツ語読みで「リコピン」となる。日本の科学はドイツから輸入されたものが多く、病院の「カルテ」(ドイツ語で「カード」の意味)などはそのわかりやすい例であろう。最近では、国際化により科学関係は英語読みに変わるようになっている。

このように、野菜そのものの扱いや、言葉も歴史により変わっていく。言葉も「いきもの」なのである。

施肥

第7章▼施肥のきほん

ヒトと作物と元素の関係

1 ヒトと植物の元素組成

①ヒトの元素組成

意外と知られていないが、ヒトの約7割は水である。つまり、体重70kgのうちの約50kgは水なのである。体重70kgのヒトのミイラは20kgになるだろう。ミイラの元素組成は、およそ乾物の元素組成に相当する。乾物のうち炭素と窒素、リンとカルシウムが多くを占める。火葬場で灰になった時、燃える炭素と窒素は気体になり、温度にもよるが骨を構成するリンとカルシウムが残り、カリウム、ナトリウムなども灰の中身を構成する物質となる（表1）。

野菜や果物は、ミネラルの供給源として食生活に重要とされるが、ミネラルがヒトの重さに占める割合は相対的に少ないといえる。逆に、非常に少なくしか体に保持されていない元素も多く、日々、代謝の過程で糞便や尿に排出されるため、適切に補給が必要ということにもなる。

②植物の元素組成

同様に植物について見てみると、植物の必須元素は17種類といわれており、その多くがヒトの必須元素と共通している（表1）。

植物は骨がないので、体を支える細胞壁が発達している。細胞壁に必須の元素であるB（ホウ素）は植物に特異的な元素である。量の多少はあるが、基本、体を構成している元素がヒトと極めて類似しているのは興味深い。ビーガンと呼ばれる完全植物食の人も普通に生きていくことができる。これは、元素レベルでは植物からの供給でヒトが生活できることを実証している。

このように、肥料は作物が良好な

表１　地球、植物、動物を構成する元素

※		元素名	元素記号	元素番号	植物の必須性	ヒトの必須性	地殻中濃度（%）	被子植物濃度2) mg/kg	成人人体内存在量 体重70kg	成分として含まれる生体内活性物質
		炭素	C	6	○	○	0.02	454,000	12.6kg	タンパク質、核酸、脂質等
		水素	H	1	○	○	0.14	55,000	7kg	タンパク質、核酸、脂質等
		酸素	O	8	○	○	46.6	410,000	45.5kg	タンパク質、核酸、脂質等
		窒素	N	7	○	○	0.002	30,000	2.1kg	タンパク質、核酸等
主要ミネラル	◎	カルシウム	Ca	20	○	○	3.39	18,000	1.05kg	ヒドロキシアパタイト
主要ミネラル	○	リン	P	15	○	○	0.08	2,300	0.7kg	ヒドロキシアパタイト
主要ミネラル	◎	カリウム	K	19	○	○	2.4	14,000	140g	
主要ミネラル		硫黄	S	16	○	○	0.06	3,400	175g	アミノ酸、グルタチオン
主要ミネラル		塩素	Cl	17	○	○	0.19	2,000	105g	胃酸
主要ミネラル	○	ナトリウム	Na	11		○	2.63	1,200	105g	
主要ミネラル	◎	マグネシウム	Mg	12	○	○	1.93	3,200	105g	Mg結合ATP
微量ミネラル	◎	鉄	Fe	26	○	○	4.7	140	6g	ヘモグロビン、酵素
微量ミネラル	◎	亜鉛	Zn	30	○	○	0.004	160	2g	酵素
微量ミネラル	◎	銅	Cu	29	○	○	0.01	14	80mg	酵素
微量ミネラル	○	マンガン	Mn	25	○	○	0.09	630	100mg	酵素
微量ミネラル	○	ヨウ素	I	53		○	0.00003		11mg	甲状腺ホルモン
微量ミネラル	○	セレン	Se	34		○	0.00001		12mg	酵素
微量ミネラル		モリブデン	Mo	42	○	○	0.0013	0.9	10mg	酵素
微量ミネラル		コバルト	Co	27		○	0.004		1.5mg	ビタミンB_{12}
微量ミネラル		クロム	Cr	24		○	0.02		2mg	GTF

1）糸川嘉則編集、ミネラルの事典、2003より（一部抜粋、改変）。
2）高橋英一、比較植物栄養学、1974より。
※人間の生命活動に不可欠な栄養素で、科学的根拠が医学的・栄養学的に広く認められ確立されたものが対象であり、◎：規格基準が定められているミネラル、○：それ以外のミネラル、×：規格基準がある食品中有害元素。

生育を示すための元素を供給する資材であるとともに、それを食べる人間は植物の元素を取り込んで生きていることがわかる。つまり、肥料は植物を介してヒトとつながっているのである。

2　肥料とは何か

①肥料の発見と産業化の歴史

施肥は農耕の始まりにおいて無意識的な施肥の後、輪作、厩肥の施用を経て、日本では人糞尿の売買が発達したのは特筆すべきである。ヨーロッパでは①空中窒素固定、②過リン酸石灰の製造、③カリ鉱床の発見など、N・P・K揃い踏みで肥料の産業化が進展した。そして品質を適正に管理するため法律も整備された。

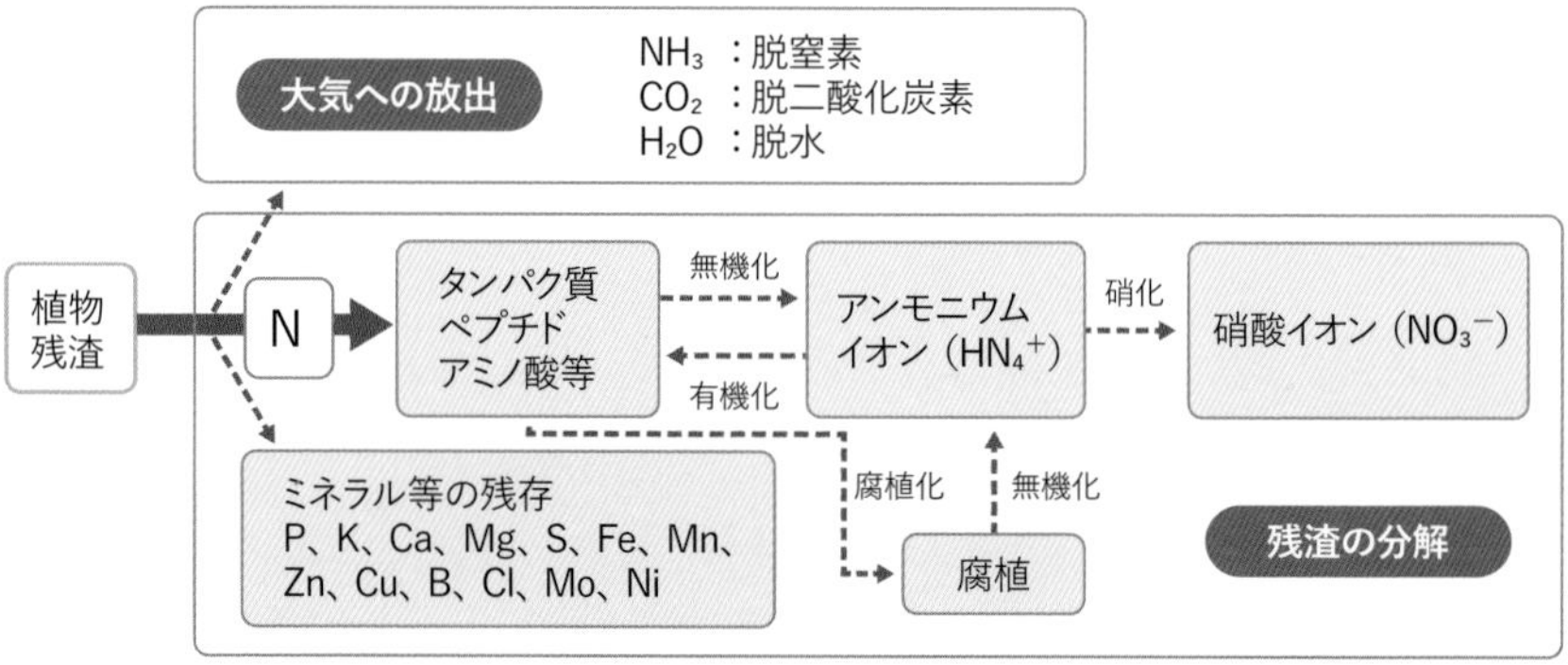

図１　植物の物質動態では窒素がキー

②肥料の適正管理へ

肥料取締法において、「肥料」とは「植物の栄養に供すること」または「植物の栽培に資するため土壌に化学的変化をもたらすことを目的として土地に施されるもの」および「植物の栄養に供することを目的として植物に施されるもの」として定義されている。

作物を肥料なしで育てようとすると十分に育たない。肥料の役割は、不足する養分を補充して作物に与えることである（日本土壌協会、２０１４）。

特にＮ・Ｐ・Ｋが多量要素の中でも重要な元素である。その中でも、窒素（Ｎ）は最重要元素である。一般に、植物が枯死すると、水分（ＨとＯ）が抜け、炭素（Ｃ）と窒素は微生物の餌となり、分解される。それぞれCO_2やNH_3などとなり、空気中に揮散する（**図１**）。

枯死した場に種子が落ちて発芽したと考えると、ＨとＯは潅水により補うことができ、Ｃは大気からCO_2として供給される。最も律速となるのはＮの供給である。

つまり、Ｎの制御がポイントであり、逆に世界規模で食料増産が可能となったのは「窒素の化学固定」の結果であったといえる。

施肥

肥料の種類と実際の成分

1 肥料の種類

市販されている肥料は、肥料取締法により「普通肥料」と「特殊肥料」に大別される。普通肥料はその袋に「保証票」（生産業者保証票）が添付されており、公定規格の有効成分が保証されている。これには、化学肥料のほか、有機質肥料も含まれる。

一方、成分規格のないものが「特殊肥料」である。もう少しわかりやすくいうと、「特殊肥料」とは「昔ながらの肥料」である。つまり、特殊肥料とは、魚粕や米ヌカのような「農家の経験と五感により品質が識別できるような〝単純な肥料〟」ということだ。このような肥料には、羊毛クズや甲殻類質肥料（カニやエビの殻、イカやタコの加工粕）、草木灰、人糞尿、堆肥、畜糞尿など、現在46種類が指定されている。

特殊肥料には登録義務がないので、普通肥料と違い保証票はない。都道府県知事への届け出は必要であるが、普通肥料のように法律で厳しく取締まらなくてもよいという位置づけである。このような特殊肥料でも、販売には肥料名称や原料、生産年月、生産業者などの表示は必要とされるが、基本的には成分表示はない。しかし、２０００年からは「たい肥」および「動物の排せつ物」のみ、分析項目の届け出が必要となった。

2 土壌改良資材

土壌改良資材とは、「土壌に施用し、土壌の物理的性質、化学的性質あるいは生物的性質に変化をもたらして、農業生産に役立たせる資材」をいう。一般的に広くいわれている土壌改良材の中には、肥料取締法で肥料に該当するものや、地力増進法で指定されたものばかりでなく、そのいずれにも該当しないものも含まれる。

土壌改良資材は、図2のような位置づけで、地力増進法では、バーク堆肥、腐植酸質資材、木炭、ゼオライト、バーミキュライトなど12種類が指定されている。

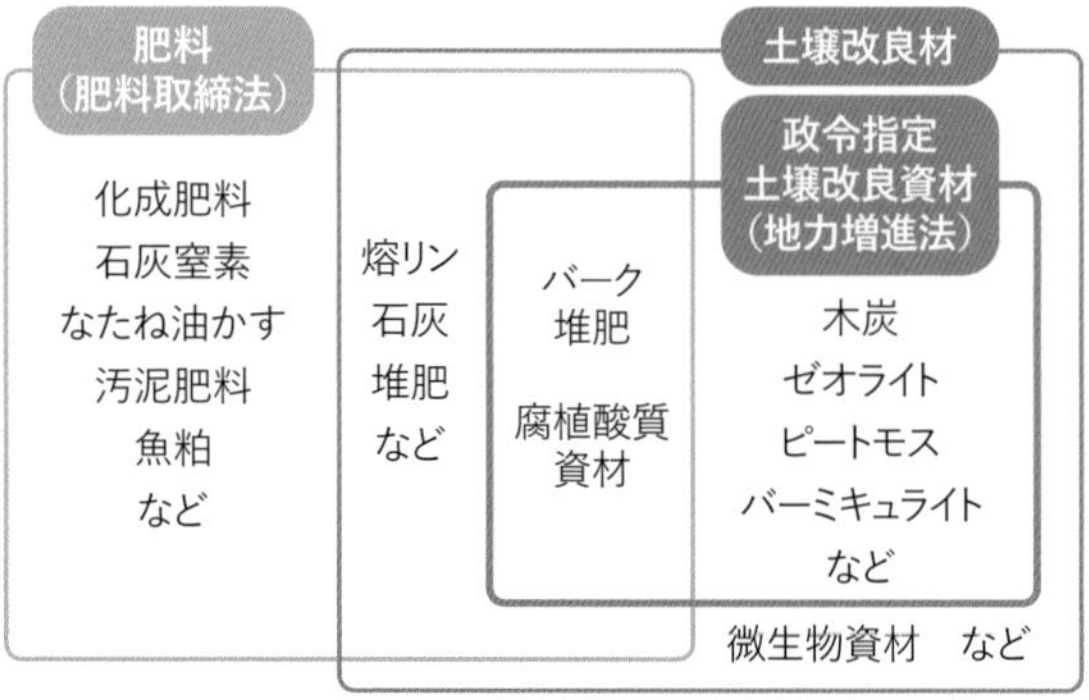

図２　肥料と土壌改良材の関係

3 肥料に関する単位

元素は元素記号で示される。肥料は元素の酸化物として表記される。例えば、P（リン）は植物の必須元素として施用する必要があるが、実際の肥料はリン鉱石を加工した肥料を与えるわけで、実態としては酸素と結合した状態である。つまり肥料の成分のリンサン（リン酸）はP_2O_5として計算する。そのため、生育にPが１kg必要な場合は、リンサンは２・29倍の約２・３kgを与える必要があるということである（**表２**）。このように、肥料成分はN（窒素）と微量要素を除き、酸化物として計算して施用する。

4 実際の成分について

肥料袋には、同じ元素、例えばPについても、いくつかの記述がある。リン酸全量（T-P）は肥料に含まれるリン酸質成分の全量、その内「く溶性リン酸」（C-P）は水に溶けにくく、酸で溶けるリン酸のことである。「く」はクエン酸の「く」であり、手順は公定法で定められるが、ポイントは根酸（根から放出される酸）を想定した２％のクエン酸で抽出されるリン酸である。徐々に効くタイプのリン酸を評価するものである。例えば、有機質成分の「鶏糞燃焼灰」に含まれるリン酸の多くは、く溶性である。

その他、水溶性リン酸（W-P）という記述もある。これは、水に溶け、最も即効性の高いリン酸分である。「リン安」や「過リン酸石灰」などが水溶性リン酸の代表である。このように肥料袋から、成分量や効き方の情報を読み取り、適切な施肥を心がけ、環境にやさしく、かつ収量を最大化する施肥を実践する。

表２　元素濃度（me、mM、ppm※）換算表

多量元素

元素名	元素記号	元素番号	原子量	me	me→mM	mM	mM→ppm	ppm	酸化物		酸化物ppm
窒素	N	7	14.01	16	/1	16	×14	224	×4.427	NO_3	992
リン	P	15	30.97	4	/3	1.3	×31	41	×2.291	P_2O_5	94
カリウム	K	19	39.1	8	/1	8	×39	312	×1.205	K_2O	376
カルシウム	Ca	20	40.08	8	/2	4	×40	160	×1.399	CaO	224
マグネシウム	Mg	12	24.31	4	/2	2	×24	48	×1.658	MgO	80
イオウ※※※	S	16	32.07	4	/2	2	×32	64	×2.996	SO_4	192

微量元素

元素名	元素記号	元素番号	原子量	ppm	ppm→μM	μM
鉄	Fe	26	55.85	3	/0.056	54
ホウ素	B	5	10.81	0.5	/0.011	45
マンガン	Mn	25	54.94	0.5	/0.055	9.1
亜鉛	Zn	30	65.39	0.05	/0.065	0.77
銅	Cu	29	63.55	0.02	/0.064	0.31
モリブデン	Mo	42	95.94	0.01	/0.096	0.1

園芸試験場標準培養液※※を参考にした。
※：me=meq/L、mM=mmol/L、ppm=mg/L
※※：この濃度を１単位として、0.5～1.25の範囲で、生育時期、季節等を勘案して使用する。
※※※：イオウは、硫酸マグネシウムとして、マグネシウムに伴って入る量を示した。

復習クイズ

第１問　20kgの肥料袋に「この肥料袋１袋には、リン酸が2.80kg含まれています」と記述があった。この場合、元素Pは何g以上含まれているか？　PとOの原子量はそれぞれ31と16で計算せよ。

第２問　トマト100kgを生産するのに、窒素が0.3kg必要とするデータがある。窒素肥料を土壌に施用した場合、その33％しか利用されないとすると、トマト100kgを作るのにどれぐらいの窒素肥料が必要か？　ただし、他の肥料成分は適正に施用されているとする。

（クイズの解答例は151ページ）

施肥

施肥のポイント

1 ECとpHを測定する

施肥は作物に栄養を供給するために不可欠だが、過剰な施肥はコストと環境に悪影響を及ぼすため、適正な施肥を行う。参考となるのが都道府県の「施肥基準」である。基本、この基準に従い施肥をするが、定期的に土壌分析を行い、その結果を「土壌診断基準値」と照らし合わせて圃場の状態を把握する。そして、圃場に肥料成分が過剰に蓄積している場合は、「減肥基準」を参考に肥料の種類や施肥量を見直す。

過剰な肥料が蓄積した土壌を、ヒトの健康に見立てて「メタボ土壌」と称することがある。大まかな健康指標として、ヒトでは体温と血圧を測定するが、土壌ではpHとECに見立てることができる（図3）。

微熱があると調子が悪くなるように、土壌の酸性度を示すpHも適正な範囲を逸脱すると養分を吸収しにくくなる。血圧は塩分の摂りすぎなどで上昇する。土壌も肥料を入れすぎると浸透圧が高まり、植物が吸水できなくなる。まずは大まかな適正範囲が守れているか、pHとECをチェックする。植物によって、この適正範囲は異なる（表3、表4）。

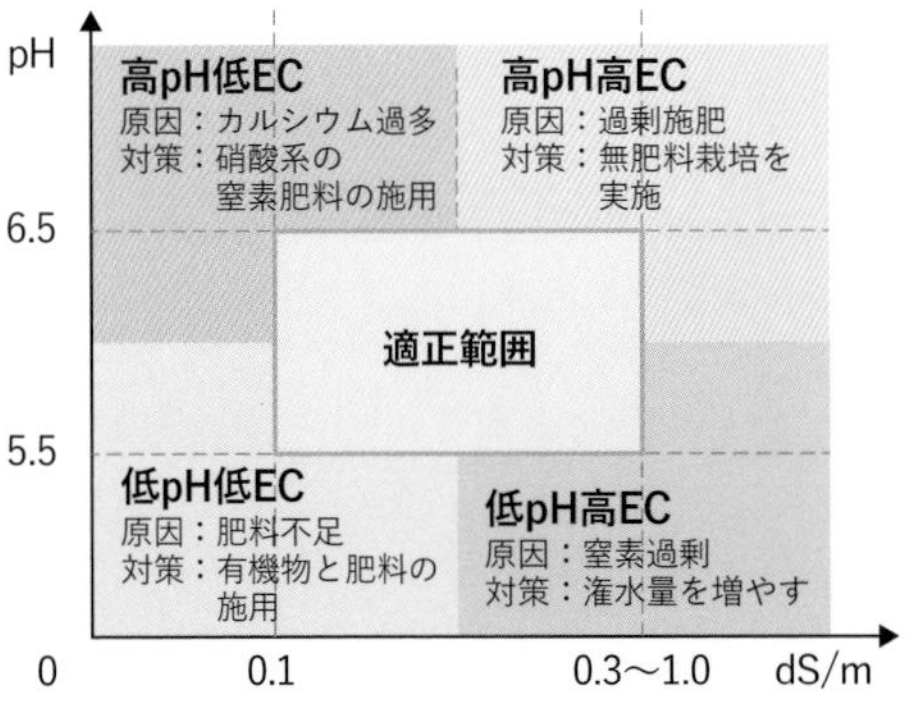

図3　pHとECから土壌の状態を把握

2 施肥の実際とポイント

①野菜の施肥の実際（表5）

トマト　1回目の追肥は第3花房開花期として、2回目以降は草姿に応じて施肥する。特に連作施設では、土壌診断に基づき減肥する。

イチゴ　元肥時の深層施肥や追肥時の局所施肥を活用し、できるだけ施肥回数を削減する。

ナス　元肥は深層に60％、上部の作土層（表層20㎝程度）に40％施肥する。夏秋栽培の追肥は、6月末までは肥効調節型肥料や有機質肥料を主体に施用する。

キュウリ　追肥は潅水を兼ねて液肥で行う。塩類に弱いので土壌診断に基づき施肥する。ブルームレス台木を用いる場合は窒素総量を20％減らす。

アスパラガス　定植前の元肥は4月下旬、有機質肥料を主体に全面全層施肥する。

表３　園芸作物の種類別の至適 pH

pHの領域	果菜	葉菜	根菜	花き	果樹
6.5-7.0		サヤエンドウ、ホウレンソウ		ガーベラ、トルコギキョウ、スイートピー	ブドウ
6.0-6.5	エダマメ、オクラ、キュウリ、スイカ、トマト、ナス、ピーマン、メロン	アスパラガス、セルリー、ニラ、ネギ、ミツバ、レタス、ブロッコリー、ハクサイ	コンニャク、サトイモ、ヤマノイモ	バラ、カーネーション、キク、スターチス、ストック、ユリ、ゼラニウム、シクラメン	オウトウ、モモ、キウイ
5.5-6.5	イチゴ	キャベツ、コマツナ、サラダナ、チンゲンサイ	コカブ、ゴボウ、ダイコン、タマネギ、ニンジン	アンスリウム、コスモス、マリーゴールド	イチジク、ウメ、ナシ、カキ、ミカン、リンゴ
5.0-6.0			カンショ、ショウガ、ニンニク、バレイショ、ラッキョウ		クリ、パインアップル、ブルーベリー
5.0-5.5				洋ラン、ベゴニア、リンドウ、ツツジ	

土壌診断生育診断大事典（農文協）

表４　園芸作物の種類別の耐塩性

耐塩性の強さ EC（1:5）dS/m	野菜	花き	果樹
強い（1.5 以上）	ホウレンソウ、ハクサイ、アスパラガス	ストック、ユリ	
中程度（0.8-1.5）	ネギ、トマト、ナス、ピーマン	バラ、カーネーション、キク、トルコギキョウ、ヒマワリ	ブドウ、イチジク、ザクロ、オリーブ
やや弱い（0.4-0.8）	イチゴ、タマネギ、レタス		リンゴ、ナシ、モモ、オレンジ、レモン
弱い（0.4 以下）	キュウリ、ソラマメ、サヤインゲン	スイートピー	

表5　園芸作物の施肥基準の例

作目	作型と品種例	目標収量（tまたは本/10a）	成分別総施肥量（kg/10a）		
			窒素	リン酸	カリ
トマト	半促成無加温 桃太郎	10	20	20	25
イチゴ	促成　章姫	6	14	14	14
ナス	夏秋　千両二号	12	68	56	68
キュウリ	半促成無加温 シャープ	12	40	20	40
アスパラガス	半促成雨よけ ウェルカム	2	50	50	50
ホウレンソウ	雨よけ周年 ミラージュ	9	50	35	50
レタス	秋播き栽培 バークレー	2	20	15	20
バラ		10万本	50	42	52
キク	夏ひかり	5万本	28	25	25
カーネーション	ノラ	2.4万本	6.0	5.8	6.0
トルコギキョウ		8万本	17	13	14
ブドウ	デラウェア	1.5	15	12	15
キウイフルーツ	ヘイワード	3.6	15	18	18
イチジク	枡井ドーフィン	3.0	16	14	16
ブルーベリー	ラビットアイ系 ハイブッシュ系	1.8	7.0	5.0	6.0

農作物の施肥基準（奈良県、2009）
花卉の栄養生理と施肥（細谷ら、1995）

ホウレンソウ　地温の低い時期は化成肥料を使用、土壌診断を実施し追肥で調整する。

レタス　元肥は肥効調節型肥料、有機質肥料を主体に施用する。

②花きの施肥の実際

バラ　長期間にわたり採花するので、土壌の理化学性の維持に良質な有機質を添加する。

キク　ハウス栽培では定植時土壌ECが高いと根痛みを起こすので、元肥を減肥する。

カーネーション　窒素形態は硝酸態窒素だけよりも、アンモニア態窒素を入れる方がよい。

トルコギキョウ　元肥は定植3週間前に有機質肥料・肥効調節型肥料を主体に施用する。

③果樹の土壌環境の実際

ブドウ　土壌のアルカリ化で、特にデラウェアでMn欠乏による果実の着色不良が発生する。過剰の苦土石灰施用は避ける。

キウイフルーツ　過繁茂になりやすいので、枝の伸長に注意して窒素施用量を調整する。

イチジク　石灰吸収が多いので、石灰飽和度を100%程度に調整する。

ブルーベリー　pH4・5を目標に調整、アンモニア系肥料を広く根系に合わせ追肥する。

施肥

収量に結びつく施設土壌管理へ

施設の実態は過剰施肥であるが、問題の本質は施用した肥料が収量に結びついていない点にある。図4は、日本とオランダで栽培されたトマトの窒素施用量と収量の関係である。日本のトマト生産は土耕栽培であるため、施肥量の増加に伴う収量の増加は緩やかな傾きを示し、施肥効率が悪いことが見て取れる。

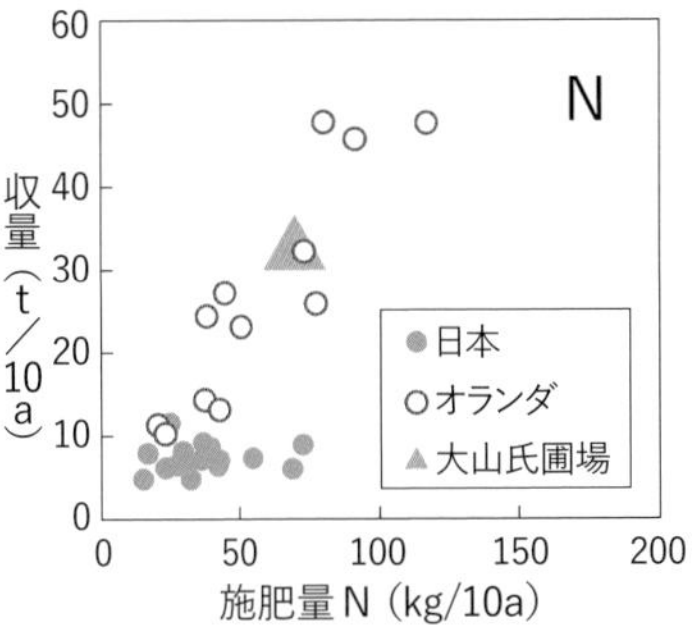

図4　ハウストマトの窒素施肥量と収量

一方、オランダでは、施肥量に対して収量には、より傾きが大きな正の直線関係が認められ、日本に比べ施肥効率が高いことを示している。これは単に養液栽培と土耕栽培の違いだけであろうか？

1　日本における多収達成のための施肥事例

土耕のトマト生産で多収を実現している生産者の事例から、適正施肥を考えてみる。まず、前提となる施肥量の設定には、栃木県試験場の試験結果が参考にされている。これによると、トマト果実1tの収穫には、窒素が2・2kg必要であり、肥料設計の際に20t／10aレベルの生産者には元肥窒素で40kgN／10a（うち追肥と残肥で減肥）とされている。

この知見に基づき、多収を実践している生産者は、栃木県の大山寛氏である。土耕で40t／10aに迫る生産を達成している。大山氏のようにトップクラスになると、実際の施肥量は70kgN／10aであった。また、この時の大山氏の収量は、選果場のデータから33・2t／10a（私信）となっている。

図4にこの値をプロットすると、日本の窒素施肥量と収量の関係曲線ではなく、オランダの曲線に乗っていることがわかる。現状の日本の施肥効率がいかに悪く、逆に適切に管

理をすれば施肥当たりの収量が伸びることを示すものである。元肥として、「長期どりトマト専用838」（肥料銘柄）を50kgN／10a、それに合わせて牛糞1・5t／10a、豚糞2t／10aを施用している。追肥として、OATアグリオ養液土耕5号（12-20-20）を20kgN／10a施用し、合計窒素で70kgN／10aが基本の施肥体系である。比較的成分量の低い堆肥も適切に使用し、土壌物理性の好適管理がなされている。また、地上部環境制御と併せた追肥の適正管理が多収の肝といえよう。

2　施設における持続的土壌管理

まず、肥料成分の少ない有機物の導入により、〝培地の物理性〟を確保する栽培法がよい。肥料としての堆肥は、現状ではこれ以上投入する必要はない。むしろ、肥料成分の少ない堆肥などを相対的に多く使い、それを補う緩効性窒素肥料、または窒素を重点化した養液土耕がおすすめである。土壌（培地）では、物理性を改善することにより蒸気消毒などの既存の技術の効率を向上させ、管理すべき土壌・培地をより確実に制御する。それには遮根シートによる簡易な隔離床と、太陽熱消毒などの栽培システムも再評価されるべきであろう（図5）。

以上まとめると、①物理性を中心に持続性を維持する、②化学性はファーティゲーションで担保し、地上部環境制御も含めた生育制御で多収を達成、③生物性（病害虫）は入れない、持ち込まないことを基本とし、隔離、太陽熱など、多重の物理的処理で対応する。これらの視点を総合化し、土壌を用いた持続的施設生産システムの基礎とする。これが目指すべき施設土壌管理の戦略である。

※本文中、色文字で記した用語の解説は156ページ参照。

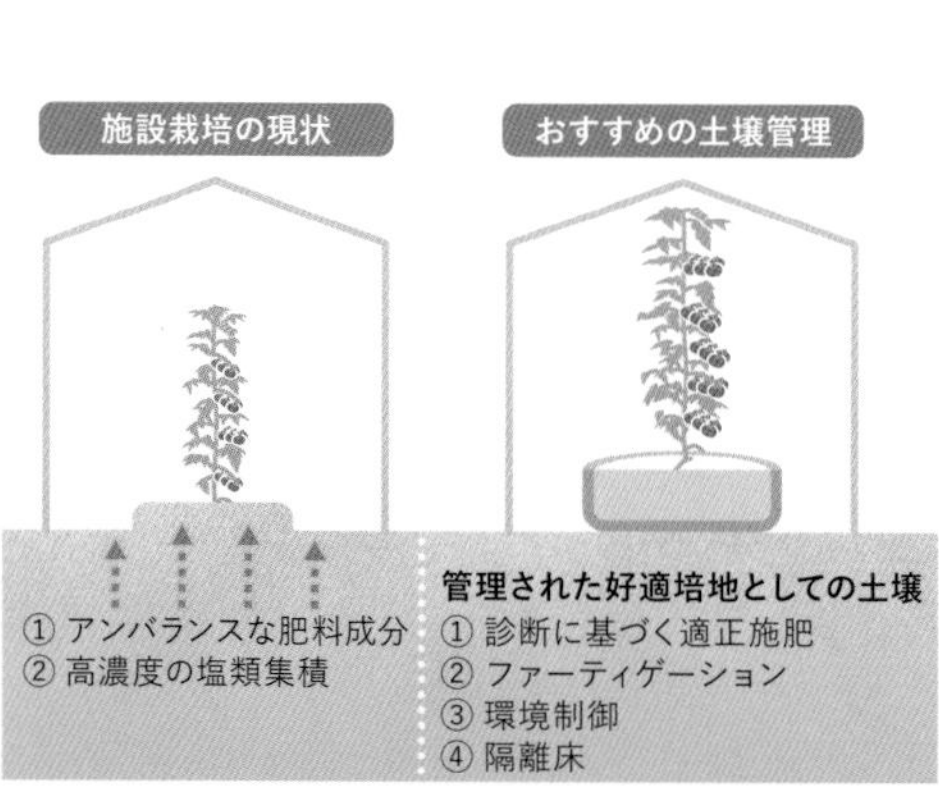

図5　施設栽培の現状と適正管理

COLUMN

持続的な施肥に向けた「地力《ちりょく》」

「土づくり」という言葉がある。この根底には、土を作り込んで「地力」を蓄え、それにより長期的に生産を高めるという考え方があるだろう。施設の場合は、施肥も効率化し、培地が少量化しているため、「地力」に頼らず「制御」するという方向が進展している。そもそも「地力」の概念は曖昧である。1895年に日本で初めて科学的な地力論を取り上げたのは、農学者の渡部朔といわれている。ドイツ農学を学び、「地力とは肥力と顕効度の積」と考えていた。ここで「顕効度」といわれるのは、土壌中に存在する肥力が分解されて植物に利用される度合いのことである。今でいう有機態窒素が蓄えられた「肥力」に相当し、温度や潅水などの環境により、それを無機化される無機化速度が「顕効度」に相当するだろう。ある種、定量的に地力を解釈した走りである。

日本では、昔から地力という概念があったように思われがちだが、中国や日本の農書において地力という言葉はあまり使われていない。『清良記』や『会津農書』にも、米麦の増収法は述べられているが、一作の増収についての記述が主であり、「地力」の「貯蓄」のような考えは薄い。

施設は制御に走ったが、面的に広がりのある露地園芸において「地力」も見直す必要がある。人類が超えてはいけない境界線（バウンダリー）が議論され、地球システムの９つの「限界値」が定義された。恐ろしいことに、いくつかは既に限界値を超えている。肥料成分の問題として、窒素とリンの循環システムは崩壊し限界を突破している。これは肥料の発明が地球環境にもたらした大きな負の側面といえる。遅きに失したとはいえ、まだ間に合う。やらねばならない。肥料成分が環境に放出されないよう①効率的に施肥する技術、②循環的に肥料を利用する技術、③他産業の廃棄物を積極的に利用する技術等々、「地力」と「知力」を活かす取り組みが求められている。

養液栽培

第8章 ▼ 養液栽培のきほん

養液栽培の基本と実用のポイント

養液栽培は施設生産面積の5％にも満たないが、先端技術として栽培面積を伸ばしており、今後の施設生産を担う人に必須の技術である。

1 養液栽培のしくみ

養液栽培は、肥料を水に溶かした培養液を植物に与えて栽培する方法であり、ニュートリカルチャー（Nutriculture）、ハイドロポニックス（Hydroponics）、ソイルレスカルチャー（Soilless culture）など、様々な呼び名がある。基本的には植物に必要とされる元素（肥料）を水に溶かし込んで、それを適宜根に与えて栽培する（図1）。根が培養液に浸されるような栽培法は、いわゆる水耕と呼ばれ、何らかの形で酸素も根に供給されるようにする。実用化されている水耕には葉菜類が多い。

一方、1作が数ヵ月に及ぶ長期栽培の場合は、水耕では管理が難しくなる。効率的かつ安定的に根に養分と酸素を供給するために、土の代わりになる培地を使うのが一般的である。これは水耕に対して培地耕と呼ばれる。この養液栽培は土を使わないのでソイルレスカルチャー（土無し栽培）と呼ばれるが、この場合は人工的な培地が使われる。典型的な

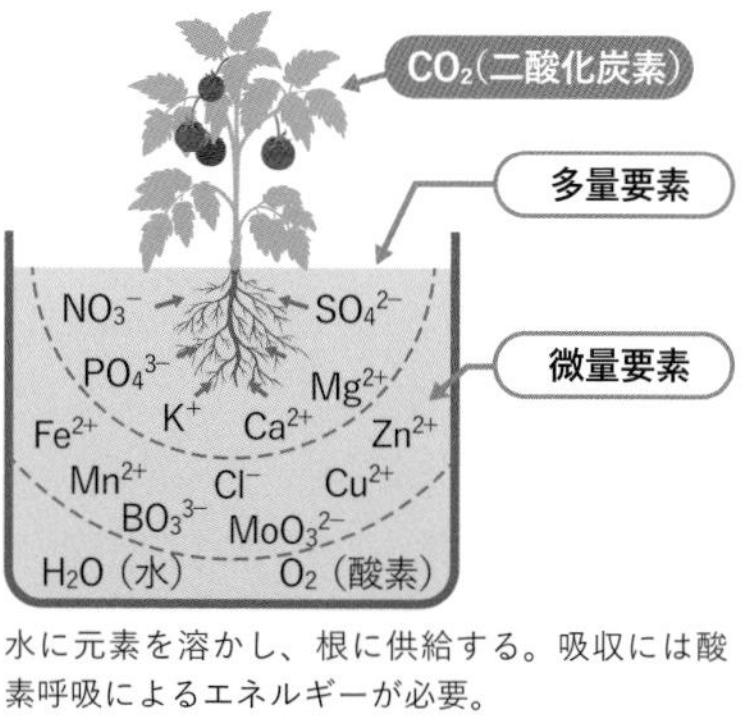

水に元素を溶かし、根に供給する。吸収には酸素呼吸によるエネルギーが必要。

図1　養液栽培のイメージ

培地には、岩石を熔融し綿状に成形した素材であるロックウールがある。水持ちがよく、通気性もよいという、根にとっては理想的な環境を提供する資材である。最近では、ヤシ殻培地など有機培地も増加している。

2 設置に必要な資材

①養液栽培はハウスが基本

フィールド養液栽培など、露地養液栽培をするシステムもあるが、最低でもビニルハウス等で雨を避けて栽培を行う（図2）。雨に当たらないだけでかなりの病害は抑えられる。また、ハウス構造があると、ネットを用いて害虫などの侵入を防止することもできる。UVカットフィルムなども張ることができ、これにより害虫の侵入を抑制する効果がある。

②設置場所と環境制御装置

設置は、基本的には全体に光が当たる日当たりがよい場所を選ぶ。冬場でも天気がよい日は気温が上昇するので、最低でも側窓は必要である。換気扇、できれば循環扇もあった方がよい。換気扇はサーモスタットと連動させ高温を抑制する。また、台風が来るような場合は、ビニルがばたついて破損することがあるが、換気扇があると内部の排気により室内を陰圧にでき、ばたつきを抑えることができる。せっかくお金をかける施設なので、地上部の管理についても最低限の環境を整えて栽培を始める必要がある。さらに、寒冷期の作期を延ばすには暖房装置も必要となる。このように、養液栽培装置だけに焦点を絞っても実用的ではないので、特に先端技術の導入に際しては、総合的にメリットを考えて生産性の最大化を図る。

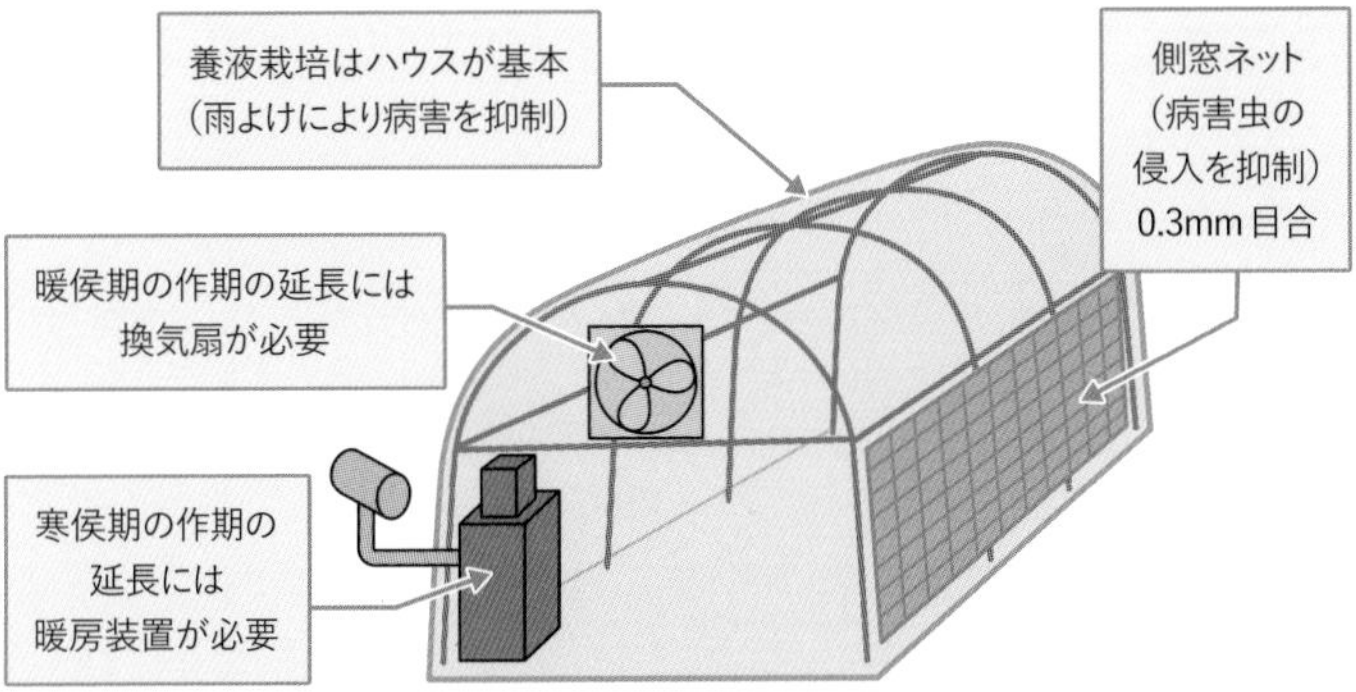

図2　養液栽培には基本的なハウスも必要

養液栽培

養液栽培の手法とバリエーション

1 養液栽培のバリエーション

本項の目的は、養液栽培がどのような栽培方法なのかを、具体的に理解することである。

養液栽培は、ハウスをはじめとして、栽培槽や配管など初期コストがかかる。また、ポンプなど養液を循環させるための電気代など、運営コストもかかる。一般に、このような生産方法では、ある程度の面積（1ha）がないと経営的に儲かる栽培体系にはなりにくいのが現状である。その上で、養液栽培で儲けるにはどうしたらよいか考えていただきたい。

養液栽培のシステムは多種多様である。大きく分けると「水耕栽培」、「培地耕栽培」、根に霧状の養液を吹き付ける「噴霧耕」も実用化されている（図3）。

最初に始めるには、レタスやホウレンソウなどの葉菜類では水耕栽培で、トマトやイチゴなどの果菜類では培地耕栽培が適切である。

2 水耕

①水耕用のベッドを作る

基本的には架台を組み上げて、その上に発泡スチロールで枠を作り、

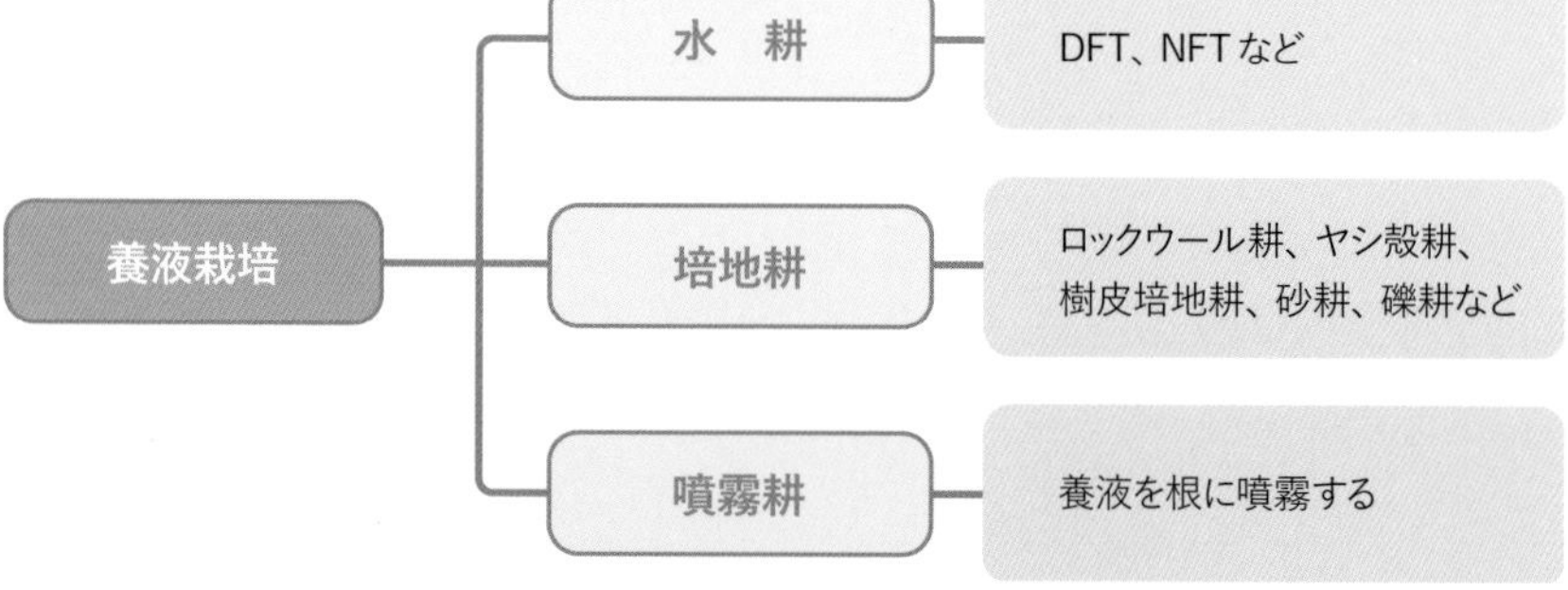

図3　養液栽培のシステムの分類の例

その中に光を通さないシルバーフィルム素材を敷設し培養液を溜める構造にする。

②水耕の方法

水耕には大きく2種類あり、NFT（Nutrient Film Technique：薄膜水耕）とDFT（Deep Flow Technique：湛液水耕）と呼ばれる。

NFTは〝小川のせせらぎ〟のイメージで、比較的少量の養液が薄い層で流れる。DFTは〝水をたたえた池〟のイメージで、ゆっくりと循環する。NFTの方が生育は早いが、停電があった場合などは、根に水が供給されないため萎れることがある。基本的には、ポンプを使って水を上流に汲み上げて流す方法が採られる（図4）。

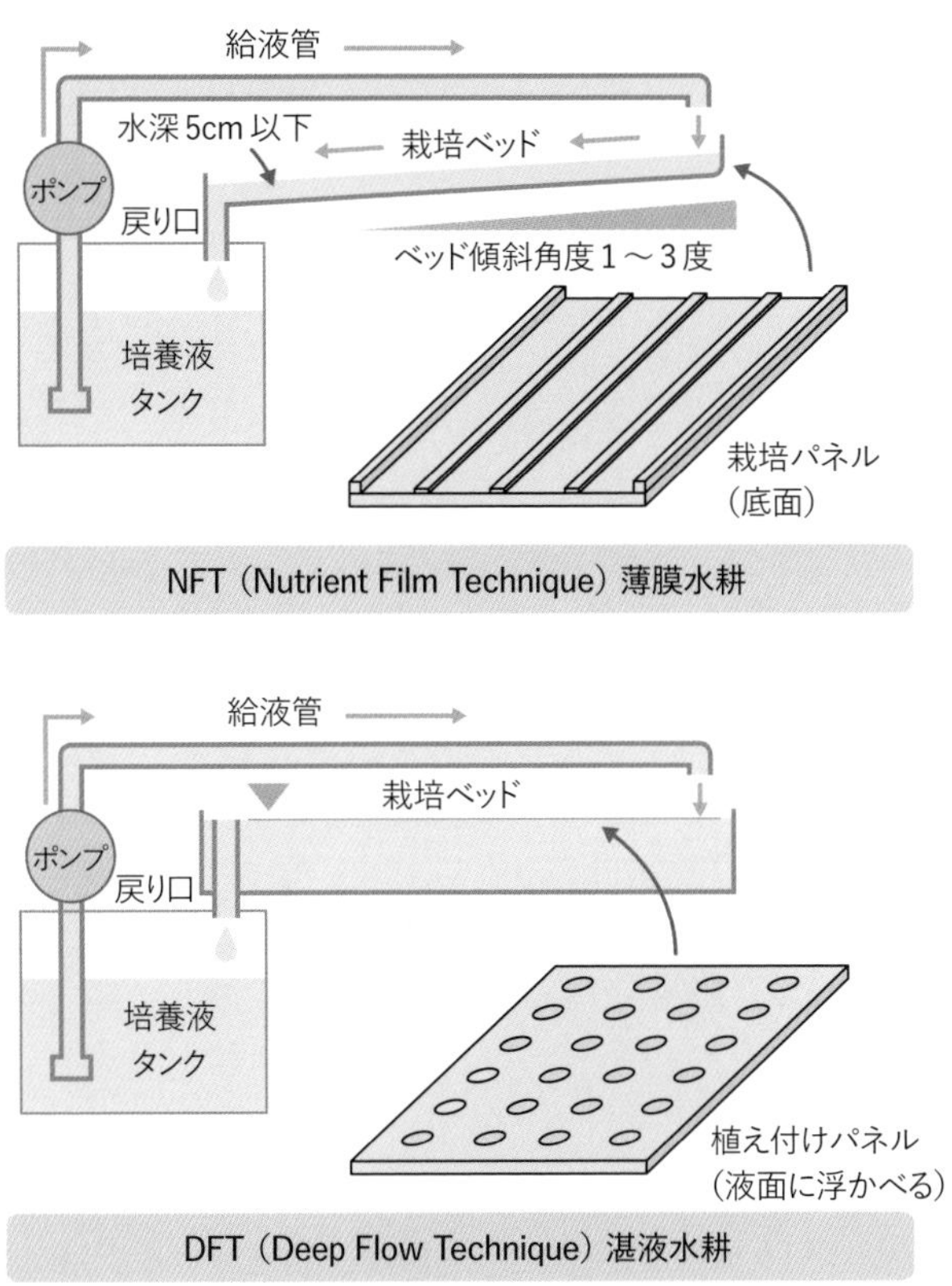

図4　水耕の主要な方式

3 培地耕

①培地耕用のベッドを作る

トマトやイチゴなどの果菜類の養液栽培では、生育が長期間に及ぶため、一般に培地を用いた栽培が行われる。

水耕栽培と同様に、架台の上に発泡スチロールなどの枠を作り、その中に培地を詰めるか、既製のロックウール培地などを設置する（図5）。

②培養液の給液方法

適切な組成の培養液を、日々与えることにより栽培する。トマトなどは最初から多量に養分を与えると過繁茂になり、果実が採れにくくなるので、着果までは薄めに培養液を管理するのが一般的である。

③イチゴの培地耕の例

宮城県のイチゴ産地の復興には、容器や使用培地を統一して培地耕の標準化を行い、産地としての効率化を図っている。①鉄管パイプを組み合せて架台を作る、②発泡スチロール製の栽培容器を架台に載せて、③有機培地を充填してイチゴを定植、チューブから養液が滴下する。

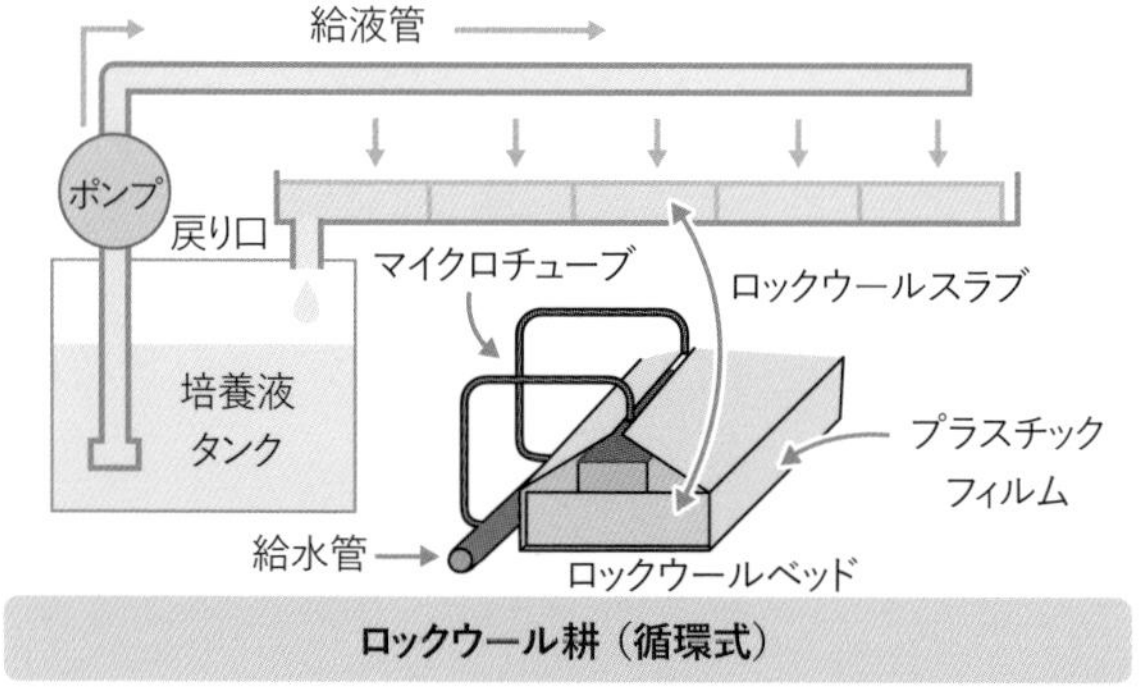

図5　培地耕の主要な方式

4 環境計測

気温の上下により、側窓が自動的に開閉する装置がある。最初から厳密な環境制御は難しいが、最低限の温度管理でもその効果は絶大である。

可能であれば、簡易な環境測定装置（例えば「おんどとり」、図6）で、気温、湿度、培養液の温度等のデータを測定しておくとよい。順調に栽培が進めばよいが、栽培にトラブルはつきもの。植物の調子が悪くなった時、その理由を突き止める手がかりとなる。

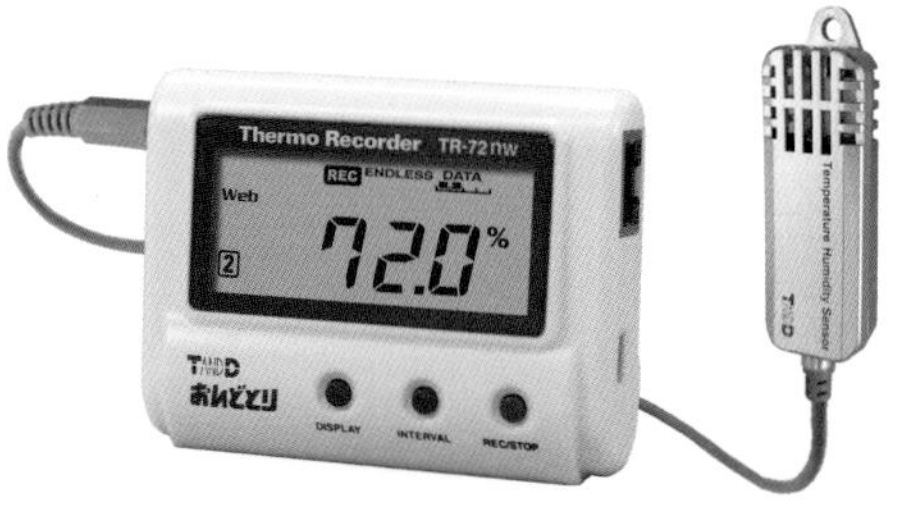

「おんどとり TR-72wb-nw」。
写真提供／（株）ティアンドデイ

図6　温湿度計測データロガー

養液栽培

養液栽培管理の勘どころ

1　原水について

①水質について

養液栽培には良質の原水を用いる。まず、比較的簡単に測定できるECとpHを測定する。ECは0・3dS／m以下、pHは5～8の間になければならない。海に近い井戸では塩類濃度が高いことがあり、これは養液栽培に適さない。より詳細に各イオンについても基準があり（表1）、これを超えない原水が必要になる。

また、近くに農地があり浅井戸の場合は、病原菌の混入に注意する。水道水は高くつくが、最も望ましい水源である。ただし、次亜塩素酸ナトリウムとアンモニウムイオンが反応すると、植物の根を傷めるクロラミンが発生するので注意する。

表１　養液栽培用原水の各イオンの限界濃度

イオン	限界濃度（ppm）	イオン	限界濃度（ppm）
NO_3^-N	60	Mn	1
P	30	Zn	1
K	80	B	0.7
Ca	80	Na	80
Mg	40	Cl	200
Fe	10		

②鉄と重炭酸イオン

高濃度の鉄はMn欠乏の誘因となるほか、沈殿により配管の詰まりを引き起こす。原水の鉄分の除去には、①曝気、②塩素注入、③ろ過が効果的である。また、重炭酸イオンが多いとpHが下がりにくくなる。培養液のpHを適正範囲（5～6程度）に維持するために、重炭酸イオン濃度の範囲を30～50ｐｐｍにする。

③ゴミなどの混入

川や溜め池などからの採水では、ゴミの除去が必要である。サンドフィルターやディスクフィルターなどの簡易なフィルターが有効である。また、水道水を使った場合でも、栽培期間中には根が脱落したり、藻が発生したりするので、それを除くための何段階かのフィルターが必要となる。例えば、パイプの一部にストッキングなどのネットをかけてゴミを除去する。これにより、培地耕で潅水チューブが詰まるリスクが低減する。

2 循環式とかけ流し式

養液栽培における養液の管理方式については、①循環式と、②かけ流し式がある。

①循環式

養液を循環させる場合（図8左）、培養液の組成が乱れやすくなる。また、病原菌が飛び込むと甚大な被害となる。作期が短いと逃げ切れることもあるが、基本的には病原菌や害虫が入らないように衛生的な管理を心がける。

②かけ流し式

かけ流し式（図8右）は、主に培地耕に用いられる。添加した養液を100とすると、10程度は排液になるように、やや多めに養液をかける。そうすることにより、培地に余分な

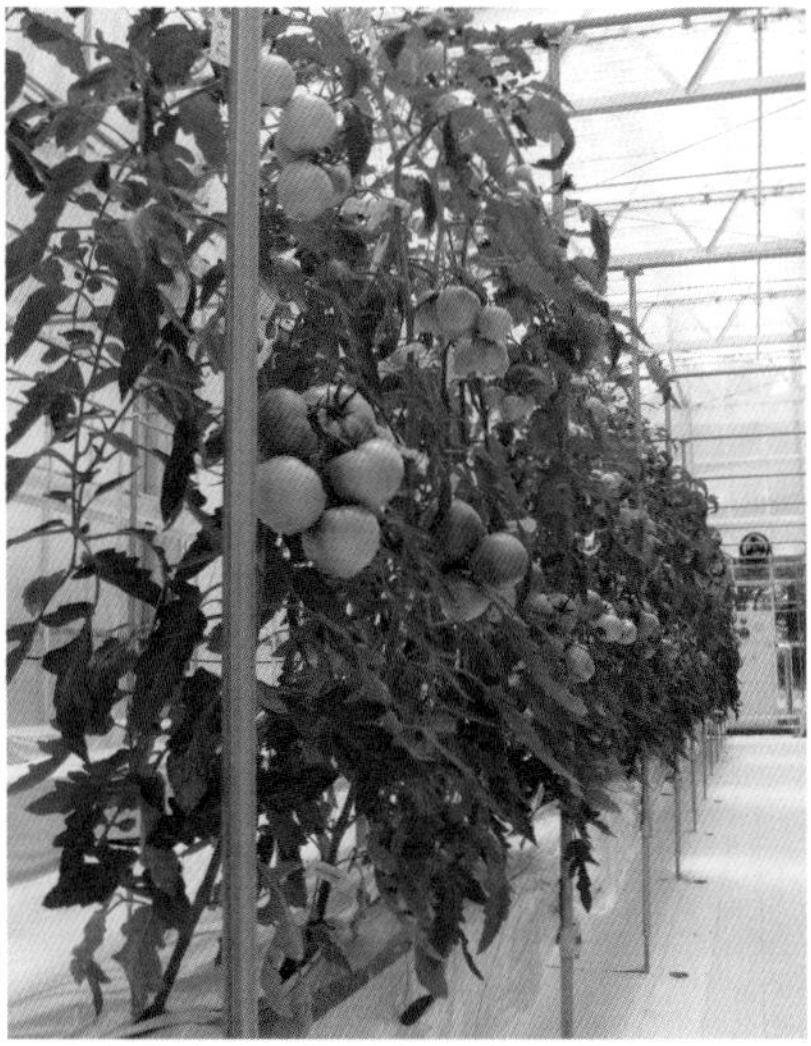

図7　トマト水耕（NFT）

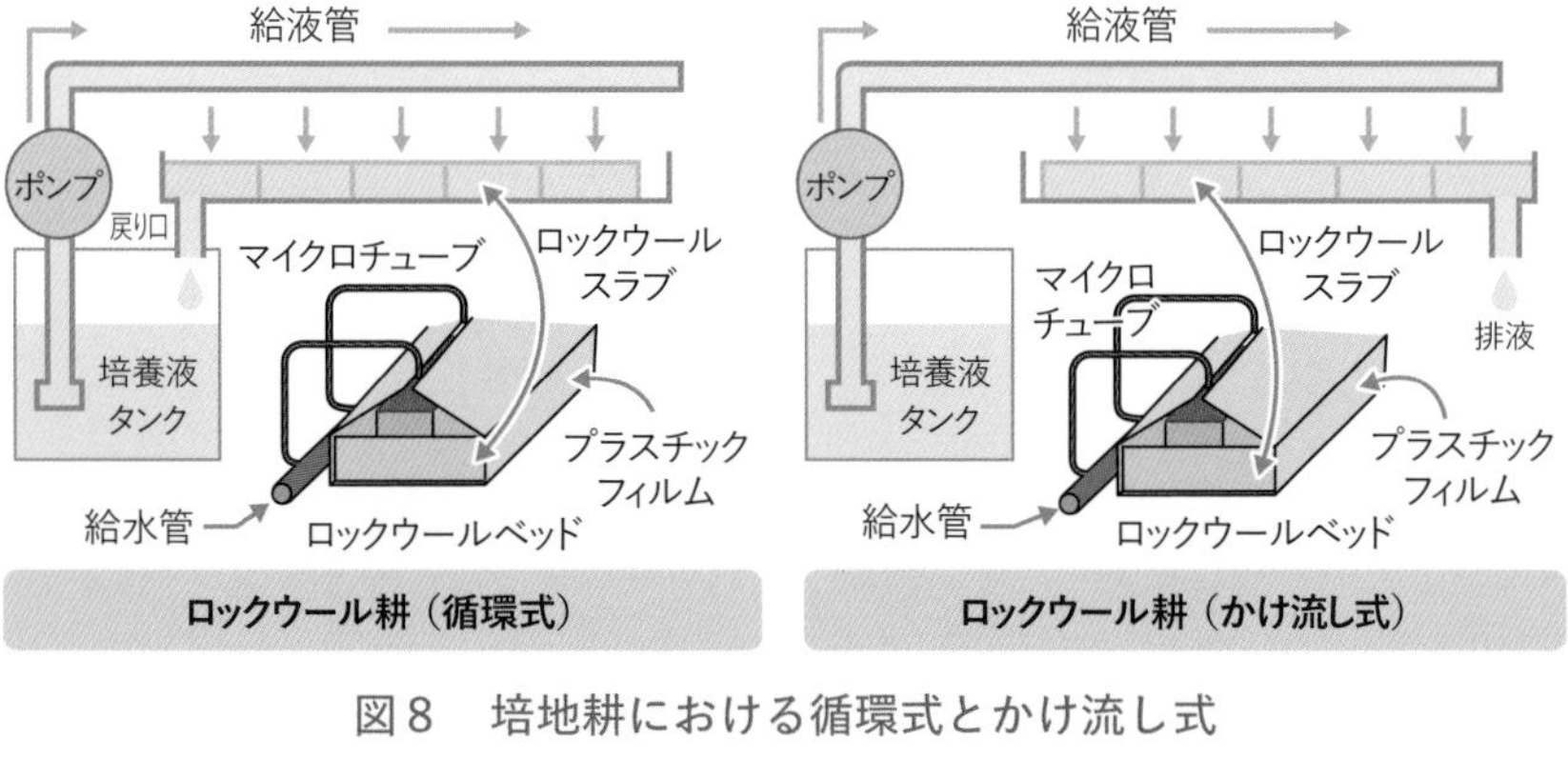

図8　培地耕における循環式とかけ流し式

塩類が蓄積せずに健全に長期の栽培が可能となる。

3 肥料の調整について

必須元素は17種類あるが、その元素を欠如させると、①栄養および生殖生長の全過程（ライフサイクル）を完結できない、②その元素の欠乏症状は元素に特異的であり、他の元素で代替できない、③その元素の直接の関与であることの、3原則が求められる。

①作物毎の培養液組成

培養液とは、13種類の必須元素を植物の吸収組成に合わせて調整した水溶液である。様々な処方があるが、**表2**に多量要素組成と微量要素組成を示す。

②液肥の作成

多くの処方の多量要素の培養液は、硝酸カリウム（KNO_3）、硝酸カルシウム（$Ca(NO_3)_2 \cdot 4H_2O$）、硫酸マグネシウム（$MgSO_4 \cdot 7H_2O$）、そしてリン酸アンモニウム（$NH_4H_2PO_4$）の4つの肥料を溶かして作成される。

表２　養液栽培に使われる培養液処方

培養液処方	要素組成（me／L）					
	NO_3^-	NH_4^+	P	K	Ca	Mg
園試処方 ※1	16	1.33	4	8	8	4
山崎処方　トマト	7	0.67	2	4	3	2
キュウリ	13	1	3	6	7	4
ナス	10	1	3	7	3	2
メロン	13	1.3	4	6	7	3
イチゴ	5	0.5	1.5	3	2	1
レタス	6	0.5	1.5	4	2	1
ミツバ	8	0.67	2	4	4	2
池田ホウレンソウ処方	16	4	4	10.3	3	4
千葉農試イチゴ処方	11	1	3	6	5	4
静大メロン処方	8	1	3	6	8	4
愛知園研バラ処方	13.3	0.5	5.3	6	8	2
大塚化学　A処方 ※2	16.6	1.6	5.1	8.6	8.2	3

微量要素組成（ppm）	Fe	B	Mn	Zn	Cu	Mo
園試処方	3	0.5	0.5	0.05	0.02	0.01

※１ 園芸試験場標準処方
※２ 1単位（標準）は、1,000（L）当たり、大塚ハウス肥料1号を1.5kg、2号を1kg溶解する。

養液栽培

培養液と地上部の管理

1 培養液の管理

培養液濃度の目安には、EC（電気伝導度、dS／m）を用いる。例えば、園試処方培養液の標準濃度では約2・4dS／mとなり、濃度が濃くなるほど高い値となる。また、培養液ではpHも重要で、肥料吸収の目安となる。通常の培養液では6・0〜6・5の範囲が適正とされる。一般に酸性になると根傷みが生じやすく、アルカリ性では微量要素の沈殿が生じ、欠乏しやすくなる。

培養液の管理においては、まずはECとpHのチェックが重要である。

2 作物の生育状態の見極め方

①発生の違い

作物生産上発生するのは、栄養素の欠乏過剰による、いわゆる生理障害と、病原菌や害虫による病虫害である。一般に、同じような部位や同じような齢の葉が障害を受けている場合は生理障害が多く、ランダムに発生しているような障害は病虫害の場合が多いとされる（図9）。

②問題の8割は病害虫、2割は生理障害

問題の8割は病害虫で、2割は生理障害である。粘着版をぶら下げて

図9　生理障害か病害虫による障害か？

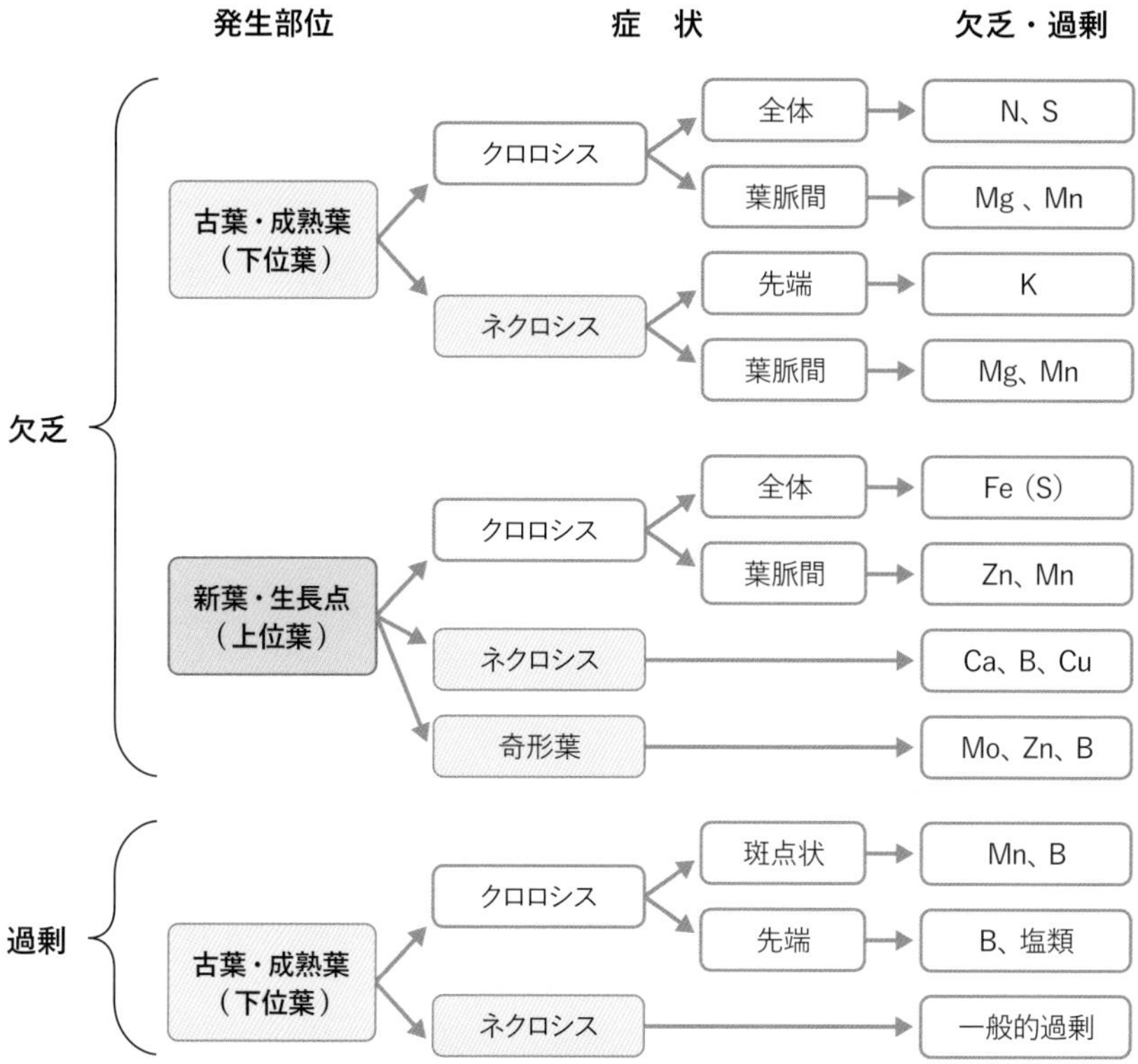

図10　目で見て判断する生理障害

おき、虫の発生をチェックするとよい。虫の場合はルーペで見れば推定可能である。まず出入り口や側窓にネットを張って病害虫の侵入を抑制する。UVカットフィルムも害虫の抑制に効果的である。病原菌の場合、細菌を見るには顕微鏡が必要となるが、カビの場合はルーペで観察可能である。蔓延前に適切な薬剤での防除を実施することである。

③欠乏症状と過剰症状の基本

図10に、目で見て判断する生理障害の発生部位と症状、それらの原因を示す。

一般に、多量要素の欠乏は成葉に発生する場合が多く、微量要素の欠乏は若い葉に発生する。一方で、過剰症は下位葉などの古葉または成葉で認められる。

3 栽培管理の勘どころ

①葉菜類は逃げ切れる

栽培期間が長い作物では、病虫害しかり、生理障害しかり、様々なリスクが増大する。最初に取り組むには、やはり生育期間の短い葉菜類、特に初期で収穫するベビーリーフなどがおすすめである。

②果菜類は低段栽培がおすすめ

簡易なハウスの場合、環境制御もより難しくなり、病害虫の制御も厳密に行えない。長期の栽培期間を要する果菜類の場合、生育低下のリスクも高まる。いずれにしても、誘引、葉かき、薬剤散布、収穫など、早めの管理が肝心である。トマトであれば年3作程度可能で、経験値を速やかに上げることが可能な低段栽培がおすすめである。

③次作に向けた装置管理

栽培終了後は、栽培容器やパレット、パイプなどをケミクロンGなどの塩素系の消毒剤、または熱水処理装置などで殺菌して次作に備える。そして塩素剤の残留がないように配慮する（95ページ参照）。

④きれいな環境で作物はよくできる

基本的には病原菌や害虫が侵入するリスクを減らす。圃場は清潔に保つことが基本である。枯れた葉を放置しておくと、そこから病気が発生する。また、作業前の手洗い、使い捨て手袋の使用、剪定バサミのエタノールでの消毒など、極力衛生管理に気をつけることで、病害の発生の8割は抑制できる。

※本文中、色文字および色文字で記した用語の解説は156ページ参照。

復習クイズ

第1問 生育が旺盛なトマトの植物体では、高温の晴天時には1日1株当たり2Lの養液が消費される。10a当たり2,000本定植し、排液率10％で管理すると、1日当たり何Lの排液が10aから排出されるか計算せよ。

第2問 栽培終了後に栽培槽を塩素系の資材で消毒することは重要であるが、この時に注意すべきことを、次作の生育障害に関連させて述べよ。

第3問 日本における養液栽培の普及面積を増やすには、どのような取り組みが必要か？　100字程度で述べよ。

（クイズの解答例は151ページ）

COLUMN

ケイ酸を考える

養液栽培は、植物に必要な肥料成分を水に溶かし込んで、土を使わずに栽培する方法である。紀元前数百年のエジプトで植物を水で栽培したことを伝える記述も残る。時代は下り、1600年頃に植物の組成の化学的な分析が始まる。その結果、1859～1865年にザックスとクノップにより無機養分のみの水溶液で植物の生育が可能であることが証明された。1925年には養液栽培の実用化の研究が始まり、ゲーリッケにより大規模商業ベースでの養液栽培が試みられた。この過程で植物の必須元素の知識が成熟した（本文参照）。必須元素は現在17元素で、レタスやトマトなど様々な品目に対応した「培養液処方」が開発され、現在でも植物工場における基盤技術といえる。

曖昧なのが、必須ではないが有用な元素である。その典型が「ケイ素」である。イネなどの穀類では乾物の10%を超えることもある。イネでは①生物的ストレス（病害虫等）への耐性が高まること、②化学的ストレス（イオン過剰等）の緩和、③物理的ストレス（高温や低温）の耐性を高めるなど、ほぼ必須元素の大活躍である。根でのケイ酸トランスポーターが同定され、積極的に吸収している根拠も明確になった。

野菜では、キュウリ（ウリ科）は受動的にケイ酸を吸収する作物である。イネほどではないがそこそこ吸収する。しかし、キュウリがケイ酸を吸収すると、果実表面が白くなる。「散布した農薬が残っている」と誤解を受けるなど、商業的にはよいことはない。実際はうどん粉病抵抗性が向上するという生産現場でのメリットがあるが、「見た目」が優先される。

ケイ酸は動物にとっては必須元素であり、1型コラーゲンやオステオカルシン（骨ホルモン）合成を促進するなどの機能が知られる。高齢社会にこそ注目され、いろいろな食品からもっと積極的に摂取してもよい元素だろう。ちなみに、ビールにも多く含まれるので、いろいろなことを「計算に入れて」、健康のためにはビールを少し飲むのをおすすめする。つまみはキュウリがよいだろう。

第9章 ▼ 地上部環境制御のきほん（光・温度・湿度）

環境制御①

環境制御と光合成

環境制御のポイントは「すべての源は光合成」。光合成を最大化させるための基本的な考え方と、その環境要因の制御、そして統合のポイントについて理解する。

1 光合成について

光合成は、二酸化炭素と水を材料に光エネルギーを使って糖に変換する過程である（図1）。CO_2は葉から、H_2Oは根から取り込まれる。光合成には、その様式から大きくC_3植物、C_4植物、CAM植物があり、園芸作物の多くはC_3植物である。

①光合成の場

葉緑体の中の細胞内の小器官で、細胞内に1000個あまりの葉緑体が存在する場合もある。平均的には、長さ約5μmの回転楕円体状である。葉緑体は外膜と内膜の二重膜を持つ。内膜の内部のことをストロマ、さらに膜で囲まれたチラコイドがある。チラコイドは積み重なってグラナを構成し、グラナ同士はところどころでチラコイドラメラでつながっている。

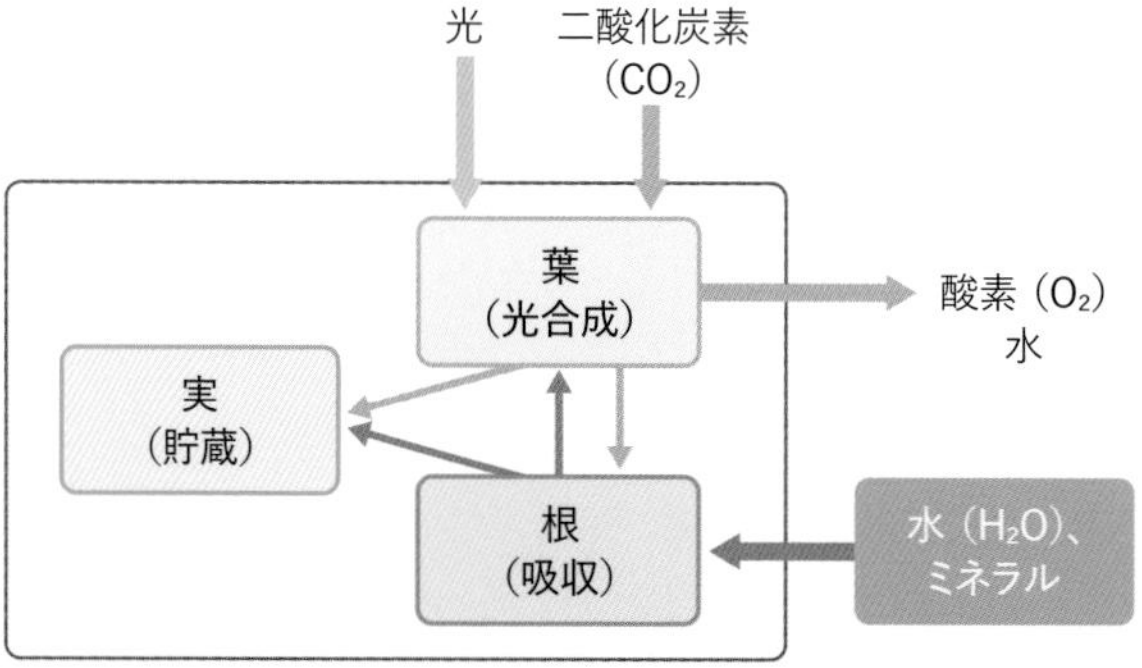

図1　生産は光エネルギー変換と分配の結果

②光合成の反応

光合成は、①光化学反応と②カルビン回路の2つの段階に大別される。光化学反応は、光エネルギーからNADPHとATPを合成する過程で、カルビン回路はNADPHとATPを使ってCO_2を固定・還元して、炭素数3の化合物（グリセルアルデヒド3-リン酸）を合成する過程である。光化学反応が行われるのはチラコイド膜である。カルビン回路はストロマで行われる。カルビン回路の産物として得られたグリセルアルデヒド3-リン酸は、葉緑体内で単糖から多糖（デンプン）にまで変換され、蓄積する場合もある。

このように光エネルギーを使って水を酸化し、CO_2を還元してデンプンを生成する反応が葉緑体の中で完結する。

③光合成産物の転流

作られた糖類は主にショ糖で、師管を通って果実や根へと分配される。果菜類であれば、いかに多く糖を果実に運び込めるかも環境因子の調節にかかっている。

2 光合成の制限要因

光合成のプロセスは、まずそのエネルギー源として①光が必要である。そして、一連の反応の基質となる②CO_2、これは気孔を介して取り組まれるが、その開度は環境の③湿度に大きく影響される。これらの反応は基本的に酵素反応であるので、それを進めるためには④適温がある。さらに、酵素を構成しサポートする⑤元素（植物では17元素）が適量必要である（第8章参照）。これらの要因が揃って初めて生産が円滑に行われる。

このような多因子により制御される工程は、よく「桶に水を溜めるモデル」でイメージされる（図2）。つまり、この場合、生産量は桶に満たされる水であり、各要素は桶の横板としてイメージするとよい。どれか1つの要素が不十分であると、十分な生産量が得られない。

この場合、CO_2が制限となり桶に水が溜まらない。

図2　光合成の桶のモデル

光制御のポイント

1 光量と光質

①光の単位

大きくは2つ、①各波長の持つエネルギー量を表す放射量（W・m^{-2}等）、②人の目から見た明るさを表す測光量（lx等）である。

②光合成有効放射

緑色植物の光合成に有効な波長400～700nmの成分が光合成有効放射である。地上に到達する太陽放射の約半分で、太陽高度が高い晴天時、地表の受ける日射は1000W・m^{-2}なので、約500W・m^{-2}である。このように面積当たりのエネルギーで表現する他、光量子束密度で表現される。

③赤色と青色の活用

作物によっては赤と青だけで十分生育するものも多い。一般に発芽には、青色（450nm前後）と赤色（660nm前後）光が必要である（図3）。赤色LEDの発光波長は、光合成の光化学反応の中心を担う葉緑素（クロロフィル）の吸収波長に一致し、クロロフィルは600～700nmの光をよく吸収する。

④R／FR比と生育

植物の形状を左右する葉や茎の伸長は660nm（赤色光：Red）と730nm（遠赤色光：Far-Red）を中心とする2つの波長域に含まれる光量子束比（R／FR比）と密接な関係があることがわかっている。この値が大きいと葉面積や茎の背丈は小さくなり、育苗において徒長しないような苗を作る時にも、このような波長制御が使われる。

⑤紫外線の実用技術

紫外線（UV-B）の照射により、

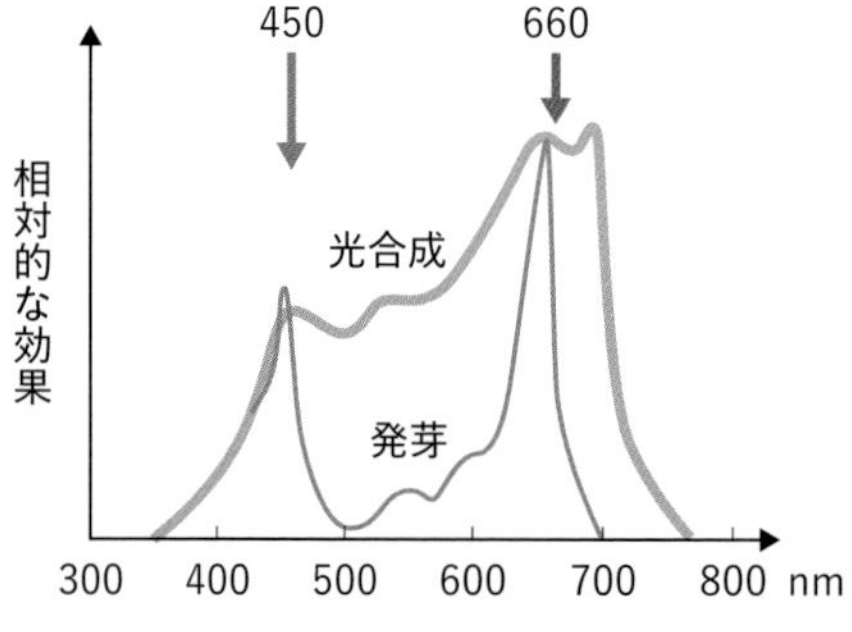

図3　光の波長が植物の光合成と発芽に与える影響

イチゴが本来持つ免疫機能（病害抵抗性）を活性化させ、うどんこ病の蔓延を抑制する技術が開発されている。自然の力を活用するため、有害成分の発生や病原菌の耐性進行などの副作用が少ない、より安全な防除法といえる。

2 光量と受光と収量

①個葉の反応

光強度と個葉の光合成速度の関係をグラフにすると、光が強くなるにつれ伸び率が低下して緩やかな曲線を描き、やがて飽和する。このような曲線は作物種によっても異なるが、同種の中の品種によっても異なる。また、その葉が生育した光環境によっても影響を受ける。個葉の光合成速度を最大化するには、それぞれの葉に光を十分に当てる。

②群落の反応

施設生産の代表選手であるトマトを多収化するには、ハイワイヤー誘引という栽培手法が取られる。生産管理も考えて総合的に判断すると、このような生産法には一定の合理性がある。この時、光の当たり方は上に位置する葉と下に位置する葉では異なることに気がつく。植物体を真上から見た時、一定面積に葉がどの程度分布するのかを葉面積指数（LAI：leaf area index）として表現するが、LAIはいわば空間に占める葉の「濃度」に相当する。

③積算日射量からの収量予測

基本的には収量が日射量に依存することは論を待たず、これは日射量の多い季節で収量が増えることからも理解できる（図4）。光を最大限利用するためには、このような考えに基づき、特定の地域の特定の期間の日射量に対して生産が最大化されているのかを評価することが必要であり、それに向けた生産管理（葉面積管理等）が必須となる。

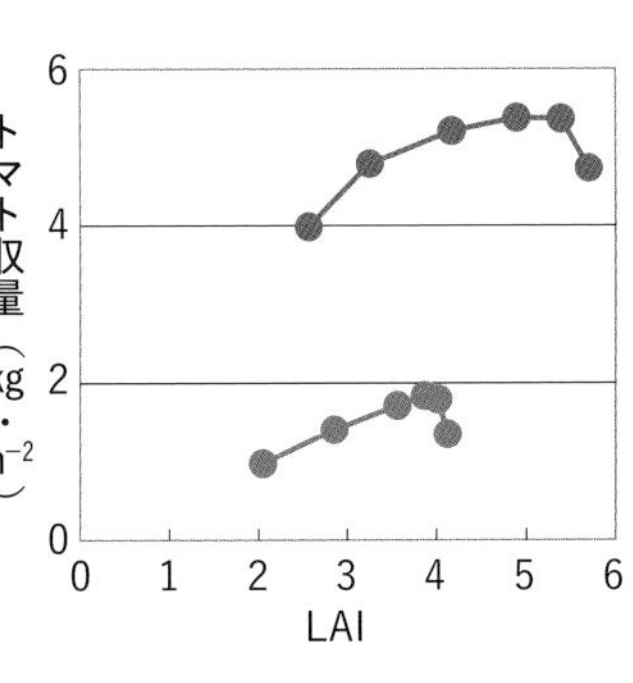

高さ2mの個体群が多収を達成するための適切なLAIは、暖候期（●7、8、9月）4～5、寒候期（●1、2、3月）3～4である。2mの植物体には、35枚程度の本葉に8段目の開花が見られる。細井（2001）などのデータから計算し、指標の参考とした。

図4　トマト個体群の平均葉面積指数と収量の関係

温度制御のポイント

1 園芸作物の生育温度と理論

①最適温度範囲

果菜類は、昼温を高め夜温を下げる管理が一般的である（表1）。これは、夜間の呼吸による消耗を抑え、果実への転流を促進して高品質多収の生産物を得るという観点から合理的である。トマトやイチゴなど冷涼を好むものや、キュウリやナスなど比較的高温に耐える作物もある。レタスなど葉菜類は冷涼な方が好ましい。花きではカーネーションが比較的低温で、果樹ではミカンが比較的高温、オウトウは低温管理が望ましい。このように種の特性を反映した適温域だが、品種ごとに反応が異なることがある。

②生育と温度

葉の展開速度は平均気温に大きく影響される。一方で光がないと、葉は展開（Development）しても乾物重は増加（Growth）しない。果菜類は栄養成長と生殖成長が同時進行するため、相互のバランスが重要で

表１　園芸作物の最適温度範囲

作目	適温範囲	
	昼温	夜温
トマト	20 ～ 25	13 ～ 8
イチゴ	23 ～ 18	10 ～ 5
ナス	28 ～ 23	18 ～ 13
キュウリ	28 ～ 23	15 ～ 10
アスパラガス	16 ～ 20	
ホウレンソウ	15 ～ 20	
レタス	15 ～ 20	
バラ	～ 25	15 ～ 18
キク	20 ～ 25	14 ～ 18
カーネーション	18 ～ 20	10 ～ 12
トルコギキョウ	25	13 ～ 15
温州ミカン	25 ～ 30	20 ～ 22
イチジク	25 ～ 30	15 ～ 20
ブドウ	25 ～ 28	15 ～ 20
オウトウ	22 ～ 25	10 ～ 15

施設園芸省エネルギー生産管理マニュアル（農林水産省、2018)、「野菜」（実教出版、2013）などを参考に作成。

ある。実際、トマトの成育と積算温度の関係から、開花や収穫の予測や制御も可能となる。

2 施設園芸における加温

①温度制御のポイント

温度管理の基本は、適温の範囲を逸脱しないことである。低温期は適切な加温に努める。標準的な温度変温管理（図６）でも、それまでの定温管理に比べ、主要果菜類で５～17％の燃料の削減率、５～18％の増収率が実証されている。高温期は、温度上昇に伴う呼吸消耗をいかに抑えるかがポイントである（図５）。

②変温管理とその事例

オランダに学ぶトマトの変温管理

図６は、光合成と転流を意識した変温管理である。①日の出前から徐々に加温し、②日射の増加に伴い高温に注意しながら室温を上げ、南中時に最高室温とする。③その室温を日没まで維持し、日没後は急激に室温を低下させる。①では果実温度を上昇させ、果実への結露を防止し、灰色かび病や裂果を抑制する。緩やか

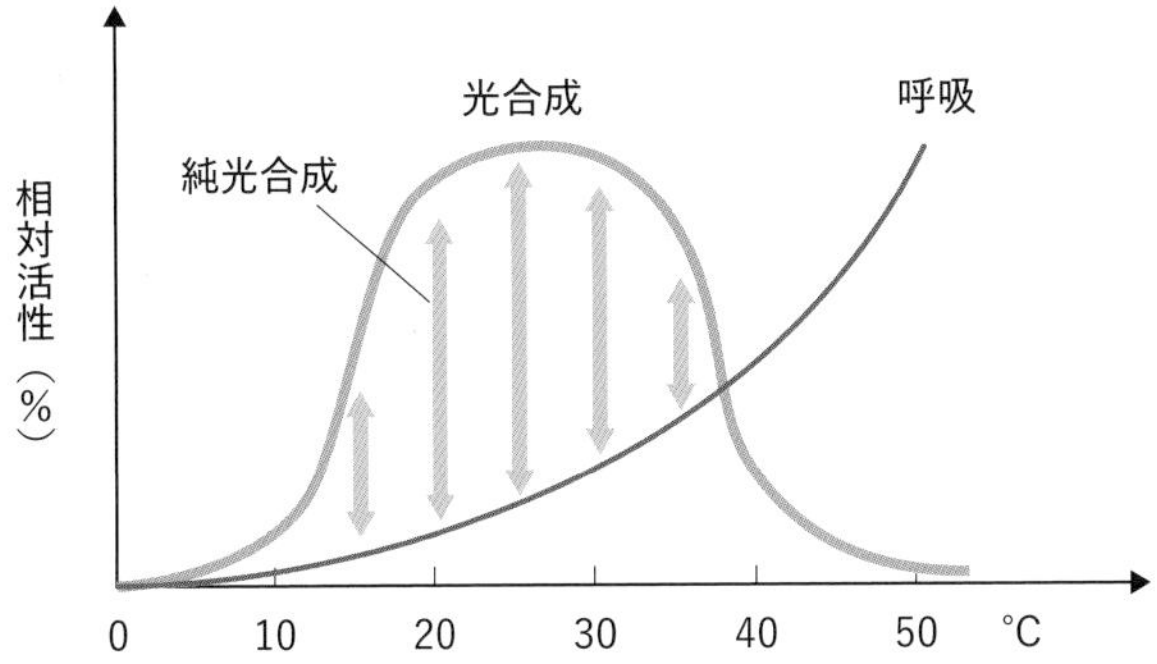

図５　温度が光合成と呼吸活性に与える影響

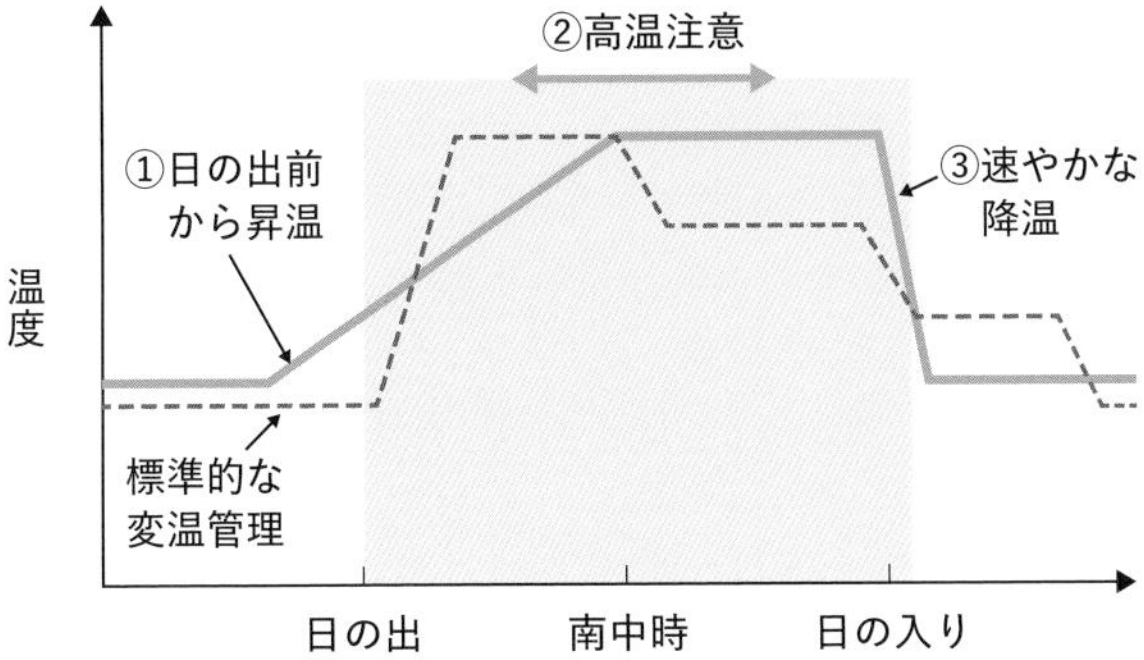

図６　さらなる生産性の向上を目指した変温管理

な昇温は、日本では②の南中時の高温回避の意義がある。光合成産物は温度の高い部位へ転流するため、室温の急激降下により葉温を低下させ、果実や地下部への転流を促進する狙いである。果実肥大が促進される一方、成長点への転流が相対的に減少し、草勢が弱くなる場合も考えられる。植物の状態を日々観察しながら実施する。

EOD加温　End of Day（日の入り）の略で、日の入り後数時間の温度を上げて管理する手法。省エネ効果に加え、開花が早まることがキクやトルコギキョウ等で報告されている。

DIF　昼温と夜温の差である。昼と夜の温度を変えることで、草丈の制御が可能である。マイナスDIFで締まった苗の育成に活用できる技術である。

③省エネルギーと脱化石燃料に向けた暖房技術

イチゴのクラウン温度管理に代表される局所温度管理は、省エネルギーの重要技術である。一方、施設生産では、生産量を増加させ、単位エネルギー当たりの生産量を向上させる視点も重要である。また、木質ペレット等による暖房エネルギー代替も研究が進み、ハイブリッド型の手法が効率的である。

④温暖化に対応した冷房技術

細霧冷房やパッド&ファンなど気化冷却の有効性は、日本での知見が蓄積している。5℃程度の気温低減が期待できる。遮熱フィルムなどを組み合わせた実用的な技術が開発されつつある。

復習クイズ

第1問　日射量から、日本のトマトの多収の可能性について論ぜよ。

第2問　大規模トマト生産において1週間当たりの出荷量（Y:kg／m^2／週）が収穫の1週前から8週前までの積算日射量（X：MJ・m^{-2}）に対して、$Y=7.50 \times 10^{-4}X+0.148$という関係式が得られている。積算日射量が1,000MJ・m^{-2}の場合の収量を計算せよ。

第3問　農地に太陽光パネルを設置する、営農型発電が行われている。メリットとデメリットをそれぞれ2点ずつ挙げて、デメリットの改善方法などを含め200字程度で記述せよ。　（クイズの解答例は150ページ）

環境制御①

湿度制御のポイント

1 湿度の基本と制御

①飽差と相対湿度

　飽差は、ある温度と湿度において、水蒸気が飽和するまでに、どの程度水蒸気が必要かを示している。飽差が増加することは、より空気が乾いていることを示している。この値は㎥当たりの水蒸気のg数で示され、飽和した状態での値と実際の値との差である（図7）。

②好適な飽差

　飽差はどのように生育に影響を与えるか、バラについて見てみる。最適な飽差はバラでは3～6g／㎥とされている。つまり、飽差が6以上になると、水分欠乏を感知して気孔は閉鎖する。逆に、飽差が3g／㎥以下になると、外の湿度と気孔内の湿度がそれほど変わらないため、ガス交換が起こりにくくなり、生産性にはマイナスとなる。これらの反応の特性を理解した上で、最適の範囲での管理が必要となる。

③飽差の制御

　3～6g／㎥の間で飽差を制御するとして、飽差が6g／㎥以上になると温度を下げるのが有効である。水蒸気が入ることができる座席数を少なくすることにより、相対湿度が上がるからである。冬季では飽差が3以下になることはよくある。この場合、暖房により飽差を上げ換気窓で除湿する。

　飽差管理のポイントは、①20℃以下の寒い時期には相対湿度70％を目処に、②30℃以上の高温時には80～90％の高めで管理した方がよいことである。このほか飽差制御には、ヒートポンプによる除湿や細霧による加湿を使うとよい。

2 湿度制御の効果

①湿度管理による収量増加

　湿度を制御した多収ハウスの場合、トマトの収量・品質が向上した。平均相対湿度は高温期である5～8月は、対照である慣行ハウスに比べ多収ハウスで高く推移し、低温期である11～3月までは低く推移した。

飽差制御の考え方からいうと、温度が高くなると相対湿度を上げ、温度が低くなると相対湿度を下げて管理したことになる。また湿度のばらつきでも、多収ハウスでは慣行ハウスに比べ、日々の湿度の変動が小さく抑えられていた。ハウス環境を最適化することで生産性を最大化することが可能となる。

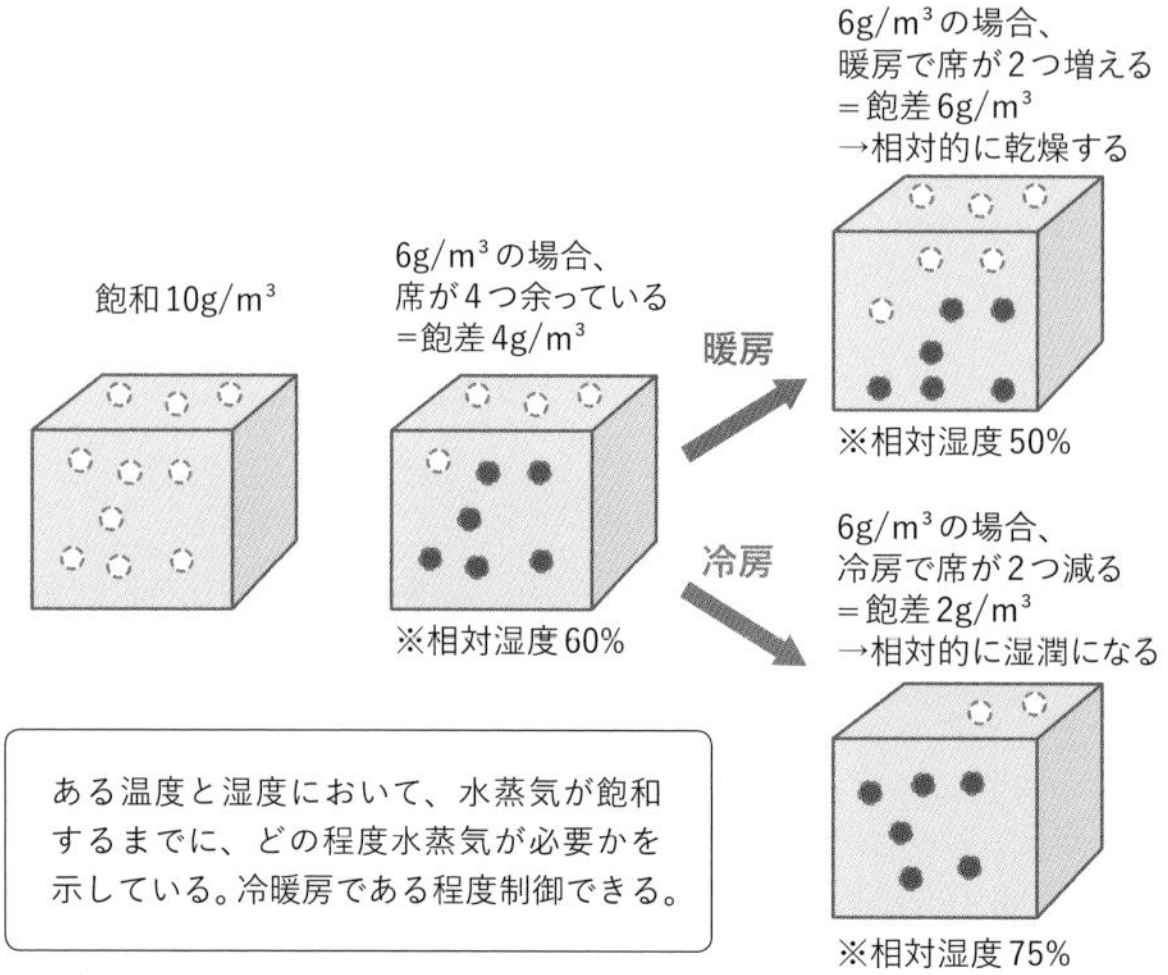

飽和10g/m³
6g/m³の場合、
席が4つ余っている
=飽差4g/m³
※相対湿度60%
暖房
6g/m³の場合、
暖房で席が2つ増える
=飽差6g/m³
→相対的に乾燥する
※相対湿度50%
冷房
6g/m³の場合、
冷房で席が2つ減る
=飽差2g/m³
→相対的に湿潤になる
※相対湿度75%
ある温度と湿度において、水蒸気が飽和するまでに、どの程度水蒸気が必要かを示している。冷暖房である程度制御できる。

図7　飽差とは

②湿度により病害発生を制御

低温高湿で発生しやすい「灰色かび病」などは、除湿により抑制できる。また、高温低湿で発生しやすい、「うどん粉病」などは加湿により抑制できる。最近は、「プランテクト」という商品（温湿度の条件から病害の発生を予察し警告するシステム）も販売され、社会実装された。

化学合成農薬の低減は消費者からの要望も強い。具体的な取り組みであるＩＰＭを実施する上でも、まずは適切な湿度制御がキーとなる。

③湿度の品質への影響

加湿の場合、飽差を小さくすることで収量は増加するが、乾物重は変化しなかったという報告もある。場合によっては、トマトなどの糖度を下げることもある。加湿により、果実表面に水滴がつくような条件では、裂果が生じやすいなどのデメリットもあるため、制御には注意が必要である。キュウリの表面が白くなるブルーム果は高温多湿条件で発生しやすく、低温低湿条件では発生しにくいといわれ、湿度管理により発生を抑制できる可能性もある。

※本文中、色文字で記した用語の解説は155ページ参照。

COLUMN

園芸作物のご機嫌をうかがう

作物が機嫌よく生育しているのか？　ものを言わない作物の状態を評価するのは、農学研究者の永遠のテーマのひとつである。近年、光合成の機構に着目し、そのご機嫌をうかがう装置が開発され、実用化されている。この「クロロフィル蛍光画像計測ロボット」は愛媛大学が基盤技術を開発し、井関農機（株）から市販された。本装置は太陽光植物工場内を夜間に自動走行し、トマト個体群のクロロフィル蛍光画像を計測し、その解析値から植物の状態をリアルタイムで評価するものである。

その原理について簡単に解説すると、『クロロフィル吸収エネルギー＝光合成＋熱放出＋クロロフィル蛍光』である。そのため、クロロフィル蛍光は、クロロフィルが吸収した光エネルギーのうち、光合成に使われずに余ったエネルギーの一部が赤色光として捨てられたものである。具体的には、青色LEDを用いて植物葉に青色光を照射（励起）すると、植物葉は照射光の反射光、放熱、そして光照射により励起されたクロロフィル蛍光を発する。暗条件におかれた植物葉に一定の強さの励起光照射を開始すると、クロロフィル蛍光強度が経時的に変化する現象が確認される。この現象をインダクション現象と呼び、インダクション現象中の蛍光強度変化を表す曲線をインダクションカーブと呼ぶ。その形状は葉の光合成能力の高低や種々のストレスの影響を受けて変化するため、カーブの形状指標を用いることで光合成機能診断が可能となる。

このような技術により、圃場内の光合成機能がリアルタイムで推定可能となり、場所により植物体の「光合成電子伝達活性が低い」ことが地図化できる。例えば、それが光のムラに対応しているのか？　温度のムラに対応しているのか？　湿度のムラに対応しているのか？　同時に取得している環境データから、原因を推定できるとともに、改善による効果も評価できる。このように、環境データと合わせて植物の状態を示すデータを取ることができれば、飛躍的に生産効率が高まることが期待される。

環境制御②

CO_2制御のポイント

1 CO_2の施用効果

CO_2施用は野菜全般にわたって生育促進効果が認められるが、品目により異なる。適切に施用すれば、トマトやイチゴなどでは20％の増収は見込める。

2 生産現場でのCO_2の効果

CO_2による生育促進効果は、露地栽培などの開放系では効果が期待できないが、施設栽培の普及に伴い普及技術となった。また、施設生産が高度化するに伴い、土耕栽培から養液栽培への移行が顕著になってきた。その過程で、土壌に起因する病害や土壌により異なる管理の難しさからは解放されたが、一方で「土づくり」に由来していた複合的な効果も喪失した。それには土壌にすき込んだ有機物に由来するCO_2による生育促進効果もある。

メロン、イチゴ、トマトの増収、キュウリの流れ果の防止は、かつて「土づくり」によりすき込まれた有機物由来のCO_2の発現が、一役買ってきたと考えられる。そのため、土耕の場合はそれらも加味し、養液栽培の場合はCO_2の適切な施用を意識する。

いずれにしても、CO_2のモニタリングは、今後の施設生産では必須の事項となる。

3 日本の施設園芸に適合したCO_2環境制御技術

我が国の施設園芸は規模が小さく、その生産性は欧米に比べ著しく低い。

表1　施設栽培におけるCO_2施用のポイントと他の環境条件との関連づけ

施用時期		**育苗**：人工光育苗装置の中では1,000μmol・mol^{-1} **圃場**：越冬栽培では保温開始期以降、促成栽培では定植後30日頃からで、いずれも着果後に開始すると効率が良い。
施用時間		日の出後直後から、センサーで濃度を測定しながら、最適濃度を維持しつつ、換気するまでのなるべく長期間。光合成と同時に転流も同時に起こっているので、南中時前後の群落内CO_2の濃度の低下が生じないようにCO_2を施用するとともに、適温に管理する。
施用濃度	晴天時	1,000μmol・mol^{-1}を超えない程度
	曇天時	500μmol・mol^{-1}を超えない程度
	雨天時	施用しない
湿度条件	昼温	CO_2を施用しない場合（28℃）より、やや高く30℃で換気をする。
	夜温	**従来法**：変温管理とし、転流促進時間帯（4～5時間）を設ける。晴天時は、キュウリ15℃、トマト13℃とし、曇天時はこれより下げる。呼吸抑制温度はキュウリ10℃、トマト8℃とする。 **クイックドロップ法**：日没後、外気を導入し急激に温度を下げる。その後、明け方に向けて早めに加温を始める。
施肥条件		生育量の増加に合わせて、施用量を増加させる（収量が2割増えれば施肥も2割増やす）。
潅水条件		**着花が不十分な場合**：CO_2施用も停止し、潅水は控える。 **着花が十分な場合**：茎葉が過繁茂にならないように注意しつつ、生育量に合わせて潅水を増やす（収量が2割増えれば潅水も2割増やす）。
備考		**土作り圃場**：経年の堆肥施肥量が多く、土壌から大量のCO_2が発生している施設では施用効果が少ないので、施用に先立ち施設内のCO_2濃度を測定する。 **養液栽培**：圃場からの供給がないことを前提に供給。特に群落内のCO_2濃度の低下に注意。

当時の試験研究の結果や実際の使用例を参考に作成された資料（日本施設園芸協会（S58.10）「LPガス暖房の手引き」p74より）をベースに、2020年までの知見を加味して大幅に修正。

これは環境調節技術と品種の違いに起因すると考えられる。特に、欧米で高生産性に必須とされるＣＯ²施用効果は、日本の施設栽培では不安定である。かつては石油価格高騰のリスクがあり、今後は持続的な農業から脱石油の流れが加速するだろう。

そのため投資効果の不安定な技術という側面もあるが、科学的に、増収技術としては施設生産で発展させるべき技術である。

表1にＣＯ²施用の目安を示したが、さらに生産現場に則して、①現在の品種に適合した基準、②高軒高など新しい施設構造に適合した基準、③より合理的な施用基準、④環境保全を目指す施用法などの視点を取り入れた手法の開発を生産現場で実証していく取り組みが重要である。

4 CO_2の施用量

具体的なCO_2の施用量について、オランダおよび最新の知見のポイントを述べる。

①天然ガスによるCO_2利用

オランダの施設では、CO_2施肥は室内濃度が650μmol・mol^{-1}になるように制御される。実態はCHPによる発電用のボイラーの稼働のみで潤沢なCO_2が供給できる状況にある。2015年頃までは施設の閉鎖型管理は主流ではないが、今後、特にヨーロッパでは環境基準も厳しくなり閉鎖型管理の方向に技術は進展する。

②日本での効率的施用法の実例

日本における具体的な濃度や量のポイントを示す。

ハウス内の濃度　まず、室内のCO_2濃度が400μmol・mol^{-1}を下回らないことである（図1）。日の出直後からCO_2濃度が下がり始めるので、それを見越して数時間前から施用を開始する。

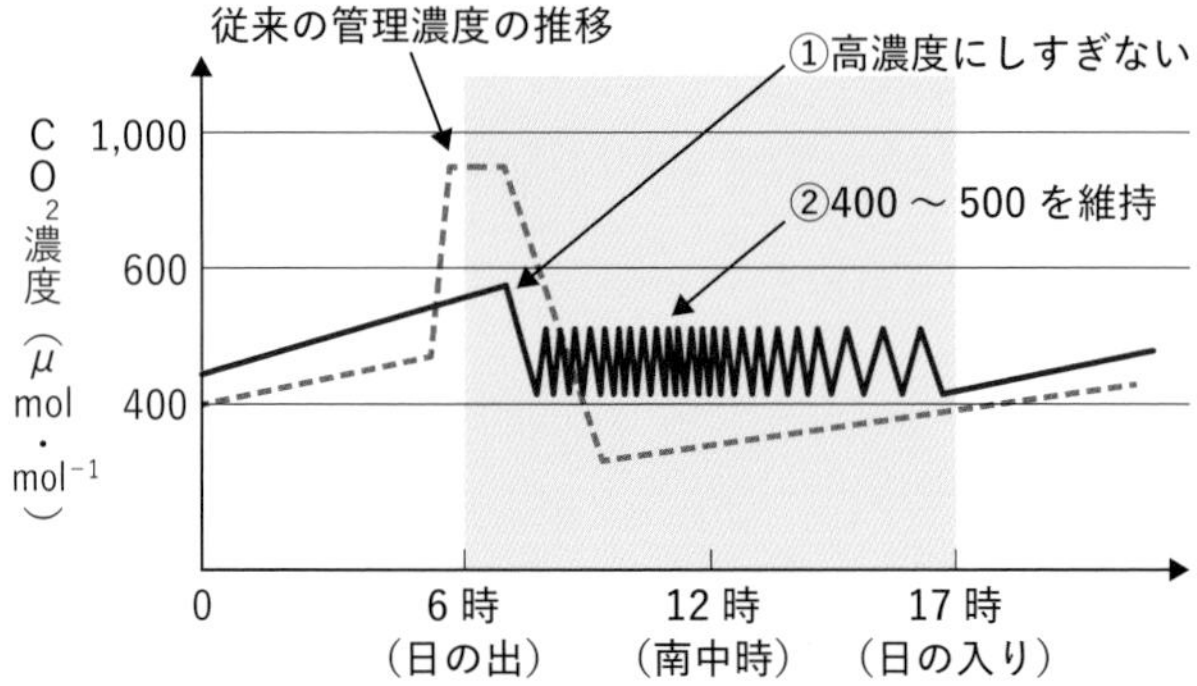

図１　さらなる生産性の向上を目指したCO_2施肥

施用量にも注目　トマトやイチゴ、バラやキクではCO_2で3~6g／h／10aの供給が必要である。CO_2発生器には1時間の運転でのCO_2供給量が明記してあるので、濃度と量の両方に注意して、生育量も合わせて評価しつつ、効率的な施用を実施する（斎藤、2015）。

ムダとムラの解消　基本1000μmol・mol^{-1}を超えるような濃度管理は無駄が多い。濃度制御の基本は、日射がある時に500~600μmol・mol^{-1}になるように管理することである。CO_2発生器の周りのみで生育が増えることがある。ダクトによる分配やチューブでの局所施用も有効である。また、循環扇は窓が閉っている時に有効である。

環境制御②

CO_2装置の普及状況とその高度化

1　CO_2装置の普及状況

CO_2については、光合成の原料であるため、植物に施用することにより生産性を向上させることは古くから知られており、オランダなどの施設生産においては標準技術として導入されている。一方、日本での導入実績は、1983年の994haをピークに1989年まで減少した（図2）。

その理由としては、①正しい利用法が十分に理解されていなかったため、施用効果が安定しなかった、②一部で粗悪な燃焼器具が販売され、有毒ガスが発生する等の障害が発生したからである。その後、1997年までは横ばいであったが、現在まで増加基調である。

本来、効果がある手法であるので、前記の問題が一部解決され定着しつつある。2000年以降のトレンドは養液栽培と歩を同じくして、2018年では、ともに施設面積の4%を超える水準にまで成長した。

2　効率的なCO_2施用法と供給源の脱石油化

CO_2自体が悪ではなく、その供給源が持続的でないことが問題の本質である。そのため廃棄物にその供給源を求めることや、社会の別の営みで発生するCO_2を施設生産の生産性向上に取り込むことが重要である。

以下に述べる視点を盛り込んで展開すれば、CO_2施用は施設生産がグリーン成長戦略に貢献する有望なツールとなる。

①脱石油の施設野菜の生産

トマト1個に牛乳びん1本分の石油を消費するといわれた時代もあった。技術開発により状況は改善したものの、石油依存から脱却できたわけではない。SDGsの議論が活発化する現在、施設園芸における技術開発は単純に多収だけを取り上げ、エネルギーや資源（ここではCO_2）の問題と切り離して議論することができなくなってきた。つまり、効率

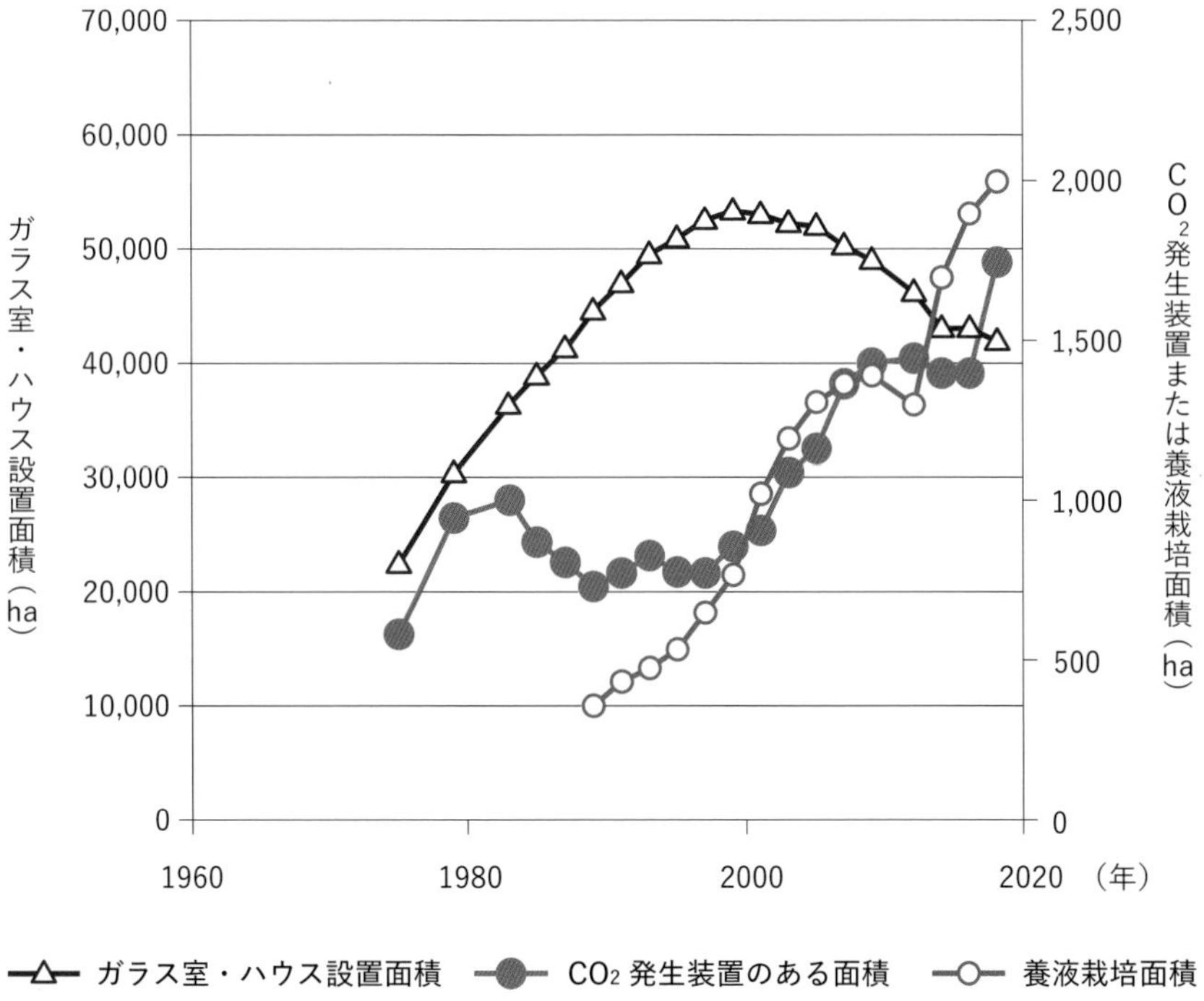

図２　施設面積、CO_2 発生装置、養液栽培面積の推移

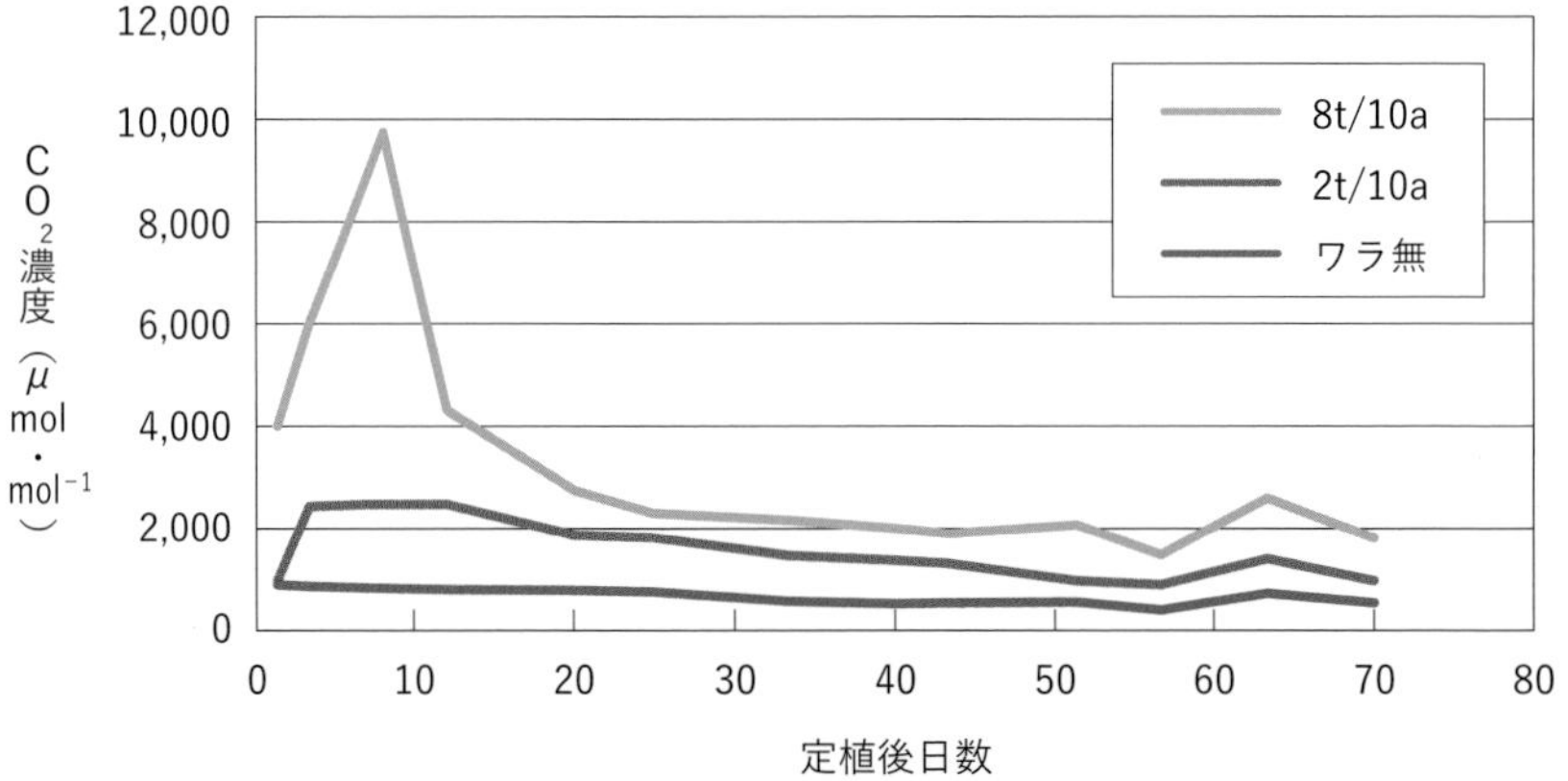

図３　敷きワラ量とハウス内 CO_2 濃度との関係

化と代替化の視点を併せ持つ技術が求められている。

究極的には、「このトマトは全く石油を使わずにできている」といえる循環型施設生産の構築を目指すべきである。

②要素技術の高度化と脱石油施設園芸の社会定着

要素技術としては、日本でも閉鎖管理などより効率的な施用法を確立する必要がある。一方で、普及率4%を超える重要技術に成長しているので、今後は実際に導入する地域の実情に合わせて、技術を改良発展させていくアプローチが社会定着には重要である。

③効率的な施用方法、環境制御法の開発

オランダにおいては収量の増加もさることながら、天然ガスの効率的な利用技術についても実用化が進んでいる。生産量の増加への取り組みはもちろんであるが、投入したエネルギー・資源により、どれだけ生産物が得られるのかといった、いわゆる「エネルギー・資源効率を高める」という視点での技術開発が重要である。

CO_2施用についていえば、施用時間とともに、いかに閉鎖時間を長くするか、つまりいかに半閉鎖状態とするかが、無駄を省き生産性を向上させる上でも重要な視点となる。

④CO_2源となる化石燃料依存からの脱却

化石系エネルギーに代わる主なバイオマス資源として、CO_2源となる多様な廃棄物の利用は今後推進すべき事項である（第12章参照）。これには、バイオマス処理プロセスにおける発生物の複合利用も重要な視点である。

かつてメロン圃場では、稲ワラのすき込みによりCO_2供給がなされていた（図3）。この時代には制御の考え方はほとんどないが、これらの先人の知見を現代に取り入れ高度化して発展させる。

気流制御のポイント

1 植物体における気体のやりとり

①ガス交換はなぜ必要か?

植物からの気体の出入りについて、ここでは水（H_2O）の動きに着目して解説する。これは、逆方向では二酸化炭素（CO_2）の取り込みに置き換えることが可能である。まず、植物体内の物質代謝が活発にされるには、十分に無機元素の養分吸収が行われ、同時にCO_2の取り込みが行われる必要がある。そして養分の大量吸収の駆動力は、蒸散である。つまり葉から大気中に水が出ていく必要がある。

②ガス交換のモデルと制御因子

蒸散は、電気に関する「オームの法則」に模して考えることができる。電流＝電圧／抵抗なので、蒸散を電流とすると、植物体内と空気中の飽和蒸気密度の差（W_L-W_A）が電圧に相当する。水蒸気としての放出には抵抗があり、葉の拡散抵抗（Rs）が第一関門としてあり、これは葉からのガスの出入りの門として機能する、①気孔の数、②大きさ、③開度等が影響を与える。葉から出た水蒸気は、すぐに葉の表面から離れることはできない。葉の表面には境界層といわれるガスが動きにくい拡散抵抗（R_b）があるからである（図4）。

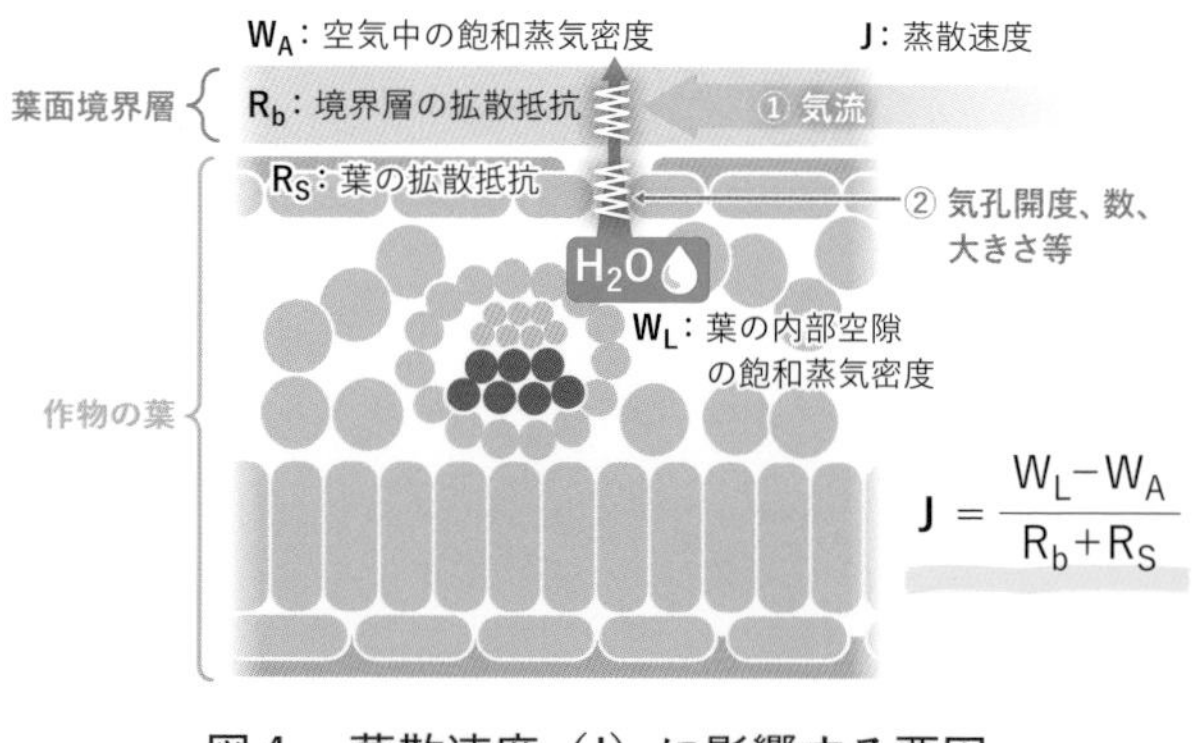

図4　蒸散速度（J）に影響する要因

③ガス交換を活発にするには

ガス交換を活発にするには、気孔と葉面境界層を制御することである。まず、気孔を開かせるにはどうしたらよいか。気孔は光により開き、適切な範囲の湿度でも開く。CO_2が取り込まれ、十分に代謝されていれば開く方向に作用し、転流が不十分な場合、閉まる方向に作用する。また、過剰な蒸散によりH_2Oが失われれば、気孔は閉じる。気孔を開かせるためには、環境と代謝の視点で考える必要がある。

次に、葉面境界層を乱すことである。ガス交換を活発化するには、この部分の抵抗を下げることも効果的である。具体的には、葉の表面に風を当てることになる。

2　風と光合成

①風速と光合成速度の関係

風速が光合成速度に与える影響のイメージを図5に示した。ポイントは次の3点である。まず、①0・5 $m \cdot s^{-1}$の微風を当てることである。強い風はエネルギーの無駄である。そして、光合成促進の目的で循環扇等を稼働させる場合は、②湿りすぎは良くない。循環扇の効果を最大化できないからである。また、③渇きすぎはもっと良くない。この場合は、吹かすほど逆効果になりかねない。

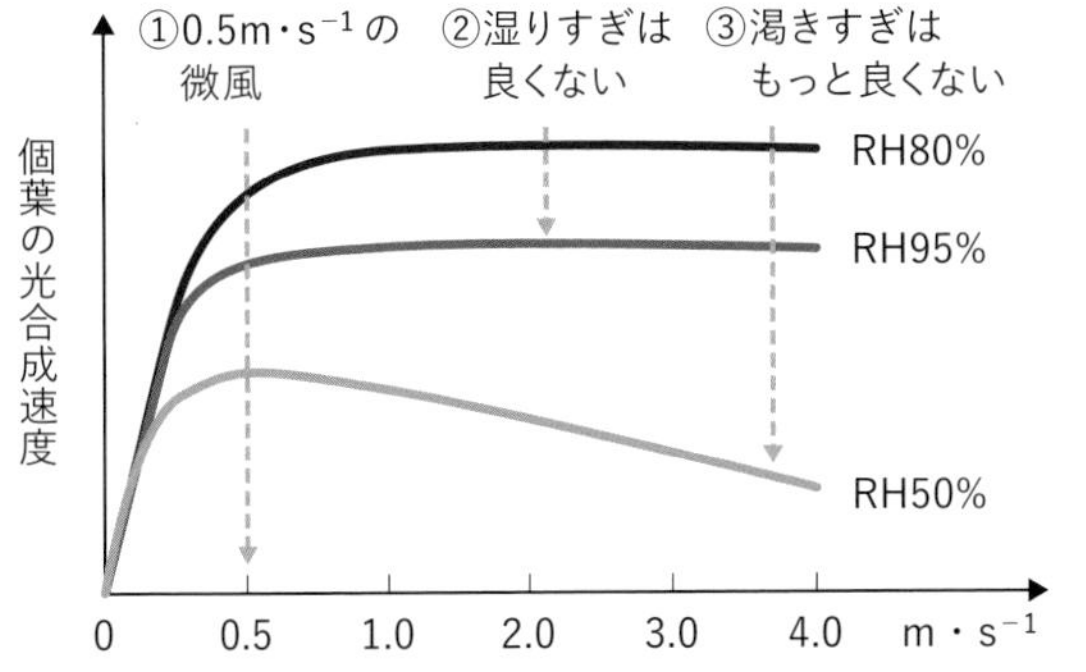

図5　風速が光合成速度に与える影響のイメージ

②循環扇を有効に使うには

光合成を活発にさせることは重要であるが、特に大規模なハウスになると、いかにハウス内に均等に風を送るかが重要になる。風速が強すぎると、植物の生育を阻害するだけでなく、エネルギーの無駄にもなる。ハウス内が均質になるように、設置およびランニングコストについては費用対効果の最大化に配慮する必要がある。ハウス内に「よどみ」を作ると、そこが病害発生の起点となる場合が見受けられる。例えば、低温加湿にならないように、適度に撹拌する。

環境制御②

統合環境制御により異次元の生産性を

1 統合環境制御のステップ

①それぞれの適正範囲を守る

いきなり高度な統合環境制御というのは難しい。まずは「光は適当か」、「温度はどうか」、1つ1つ適正範囲になっているかどうかが、最初に確認すべきことである（図6）。すべて一度にというのもハードルが高いので、温度だけでも日々の記録から始めたい。安価なモニタリングツールも販売されているし、スマートフォン等で情報を確認することもできる。極端な環境を避けるだけでも改善の一歩となる。

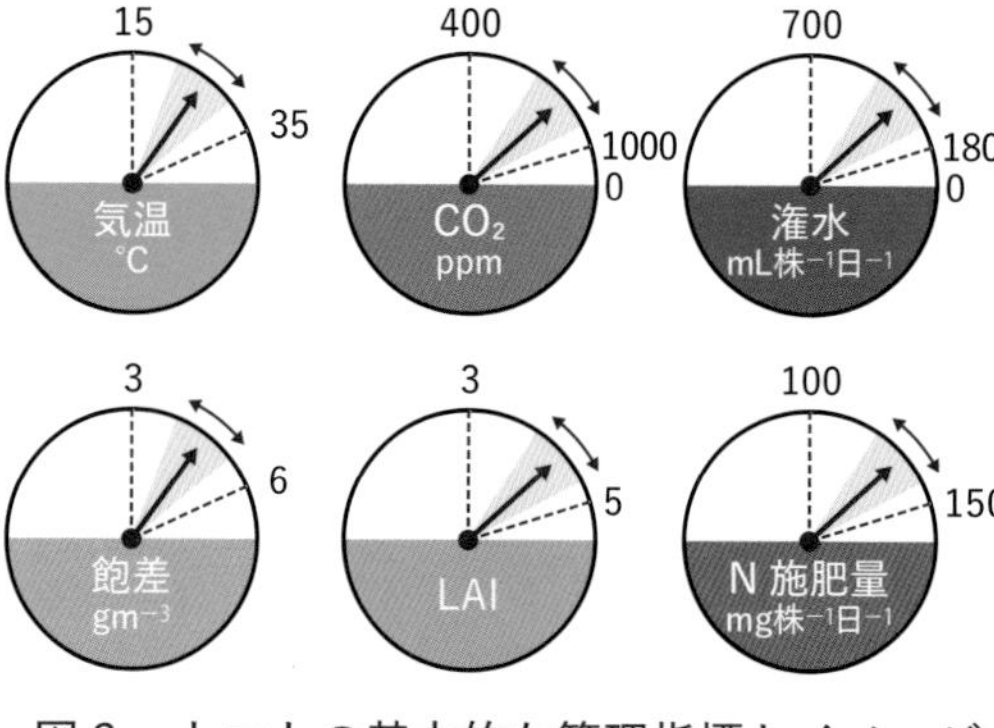

図6　トマトの基本的な管理指標とイメージ

②複数の最適環境を積み重ねる

生産量の源は光合成である。まずは適正な光の量を確保する。光量増加による生産量の増加は限界があるが、1つ1つ要因を改善することにより、収量は積み上がる（図7）。複数組み合わせることにより、相乗効果も認められる。データを見ながら改善することにより、日々生産性は確実に増加していく。

このような改善の状況を把握するためにも、日々の環境、作業、生産量の記録は欠かせない。

③どこまで収量は伸びるか？

高度な環境制御が行える施設生産においては、様々な環境制御により光利用効率の最大化が可能である。

トマトのポテンシャル収量としては、現状の日本における最高水準（70kg・m^{-2}・$年^{-1}$）の、さらにその3倍（200kg・m^{-2}・$年^{-1}$）にもなりうる可能性を秘めている（中野ら、2017）。

2 複合環境制御と統合環境制御

施設生産では、本章で紹介した様々な環境因子を環境制御装置（天窓や冷暖房装置等）で制御する。複合環境制御は、システムとして個別の制御装置が複数つながり、一括して制御するしくみである（図7）。

統合環境制御は、複合環境制御が高度化したしくみで（図8）、情報駆動で、複数の環境因子の制御を合理的に組み合わせ、より高度に制御する手法である。例えば、温度、湿度、CO_2濃度等、複数のパラメータを参照し予測しながら制御する。結果として、その時の最大ポテンシャルとして生産性を発揮し続けるしくみである。

このようなしくみは、究極的にはAIなどを活用して自動化する。車でいえば、ナビで最初に目的地を設定すれば、自動運転で目的地に到達するようなイメージになる。

3 園芸作物の生育温度と理論

施設生産を始めるところから考えてみる。まずは光環境をはじめとした立地条件を適正に選定する必要がある。ここではまず、光の重要性を述べた。つまり、あまり日射量に恵まれないところにハウスを設置しても「無い袖は振れない」の言葉どおり、高い生産性は望めない。その次に、温度、湿度、二酸化炭素、風速、そして統合制御である。

さらに、今後重要な視点は「持続性」である。施設生産は、現状化石燃料に依存せざるを得ない状況であるので、統合環境制御により究極の効率的生産を達成するとともに、化石資源への依存度を低める取り組みが必要である。究極的には地域内で循環型システムを構築することが求められる。

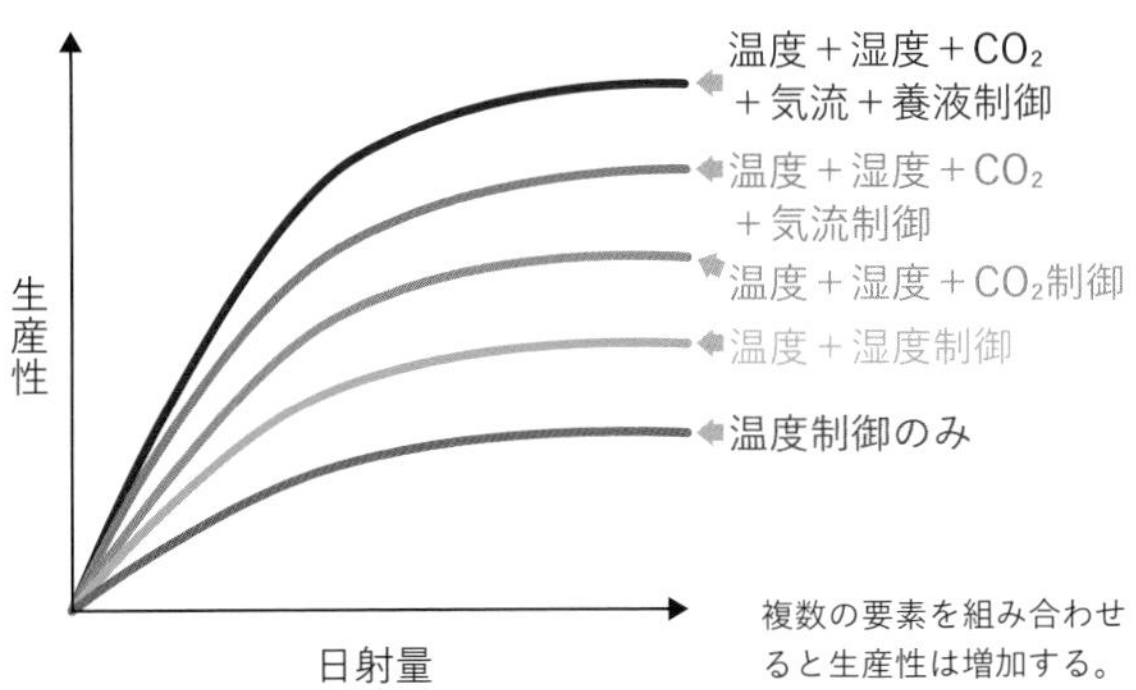

図7　複合環境制御による生産性最大化のイメージ

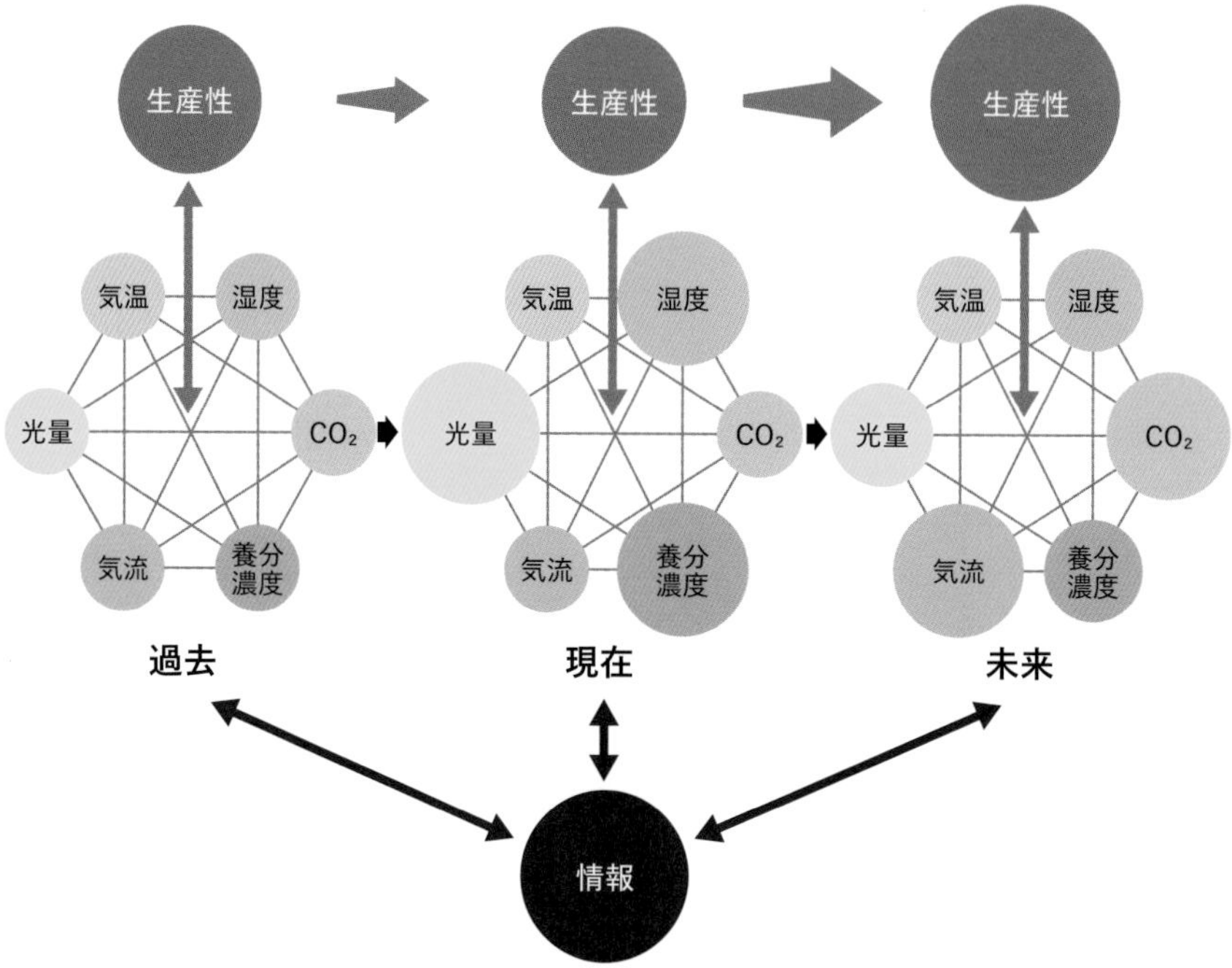

情報駆動で、合理的に協調して、予測しながら制御する。結果として最大の生産性を発揮し続ける。

図８　統合環境制御のイメージ

復習クイズ

第1問　新鮮な植物残渣の炭素（C）含量を5％とし、この廃棄物100kgから発生するCO_2量は何kgになるか計算せよ。

第2問　トマトやイチゴ、バラやキクでは、3g/h（時間）/10aのCO_2供給が必要である。1日6時間施用するとして、上記の廃棄物からCO_2を供給するとした場合、1日100kgで、どれくらいの面積のCO_2施用が可能となるか計算せよ。

第3問　日本の平均的なトマトの収量は10kg・m^{-2}、オランダのトマトの収量は60kg・m^{-2}とすると、なぜこのような差があるのだろうか。最先端の日本のトマトの収量の現状と今後の展望について、300字程度で述べよ。

（クイズの解答例は150ページ）

※本文中、色文字で記した用語の解説は154ページ参照。

COLUMN

施設園芸でInnovationを起こす社会実装の場

施設園芸においては、今後、ニーズの多様化、農業市場の国際化、生産現場では農業のICT化など、柔軟な問題解決型の取り組みが必要となるであろう。そして、それにふさわしい、①施設構造を含めた要素技術や、②それを実装し、円滑に運用し生産性向上を実証するしくみ、③それを持続的に発展させ、使いこなせる人材としくみが必要となる。

まず、施設構造を含めた要素技術については、施設園芸を構成する施設、装置、制御技術などについて、ある程度、標準化、規格化したフレームワークが必要であるが、それは次々とInnovationを生み出すような、基礎的な枠組みである。次に、それが有効に機能する手順（スキーム）が必要であろう。最後に、人材については、生産現場に則した研究開発を実施し、それを個別の事例に合わせて問題可決をする。つまり、多様化するインフラとその利用開発を行うには、技術プールがあり、そこから改良、統合、摺り合わせができ、技術パッケージを提案できる人材が必要である。そして、それを運営する人材も必要である。すなわち、Innovation（新結合）によりsolution（解決策）を提供する人材集団が求められる。このような組織の運営には、対価を設定し運営するしくみが必要であろう。まずは「農業関連の情報は無料であり、その分責任も発生しない」という体制から、「情報は有料であり、共同で責任を持って問題を解決する」という体制にすることである。

今まで大学や研究機関等、公が担ってきた農業の研究開発が、ビジネスへと成長するには、研究開発を社会変革へと引き上げる、要素技術と人材育成、そしてそれが自立的かつ持続的に発展できる実践の場が必要である。「次世代施設園芸拠点」や「スマート農業実証拠点」のような場が、今後の施設園芸のさらなる革新の核となるだろう。

第11章 ▼ 農産物品質のきほん

園芸作物の品質と流通

1 園芸作物に求められる品質

①まず求められる品質

食トレンドは、「おいしい」かつ「簡便な」消費への傾向が強まる。これを踏まえ、園芸作物にまず求められる品質は「おいしさ」と「鮮度」、そして「栄養」である。

おいしさ　甘さ、酸味などの味、食感、風味などは、おいしさを構成する。おいしさは「嗜好」であり二次機能に分類されるが、栄養があるからといって、まずいものは食べない。実態としては、おいしさが品質の最優先項目になるだろう（図1）。

鮮度　園芸作物の場合、おいしさと密接に連動するのが、鮮度である。追熟によりおいしくなるものも多いが、基本的に新鮮な農産物はおいしく、多くの国民が求めるものである。最近では「フードロス問題」も注目が集まる。鮮度保持技術の活用もポイントである。

栄養　次に重要となるのが栄養であり、これは一次機能に分類される（図1）。エネルギーや体を構成する3大栄養素（糖質、タンパク質、脂質）に、ビタミンとミネラルが加わり5大栄養素と呼ばれる。最近では、食物繊維が第6の栄養素として確立した。後者3つの栄養素は、前者の代謝において、生体機能を調節する役割を担う。炭水化物、脂質、タンパク質は、野菜果物からの摂取は少ないものの、カリウム、微量栄養素、ビタミンC、葉酸、ビタミンK、ビタミンA、食物繊維は、寄与率が大きく大雑把にいって半分程度である。

②注目される園芸作物の機能性

三次機能（いわゆる機能性）（図1）は、体調を整え、病気の予防につな

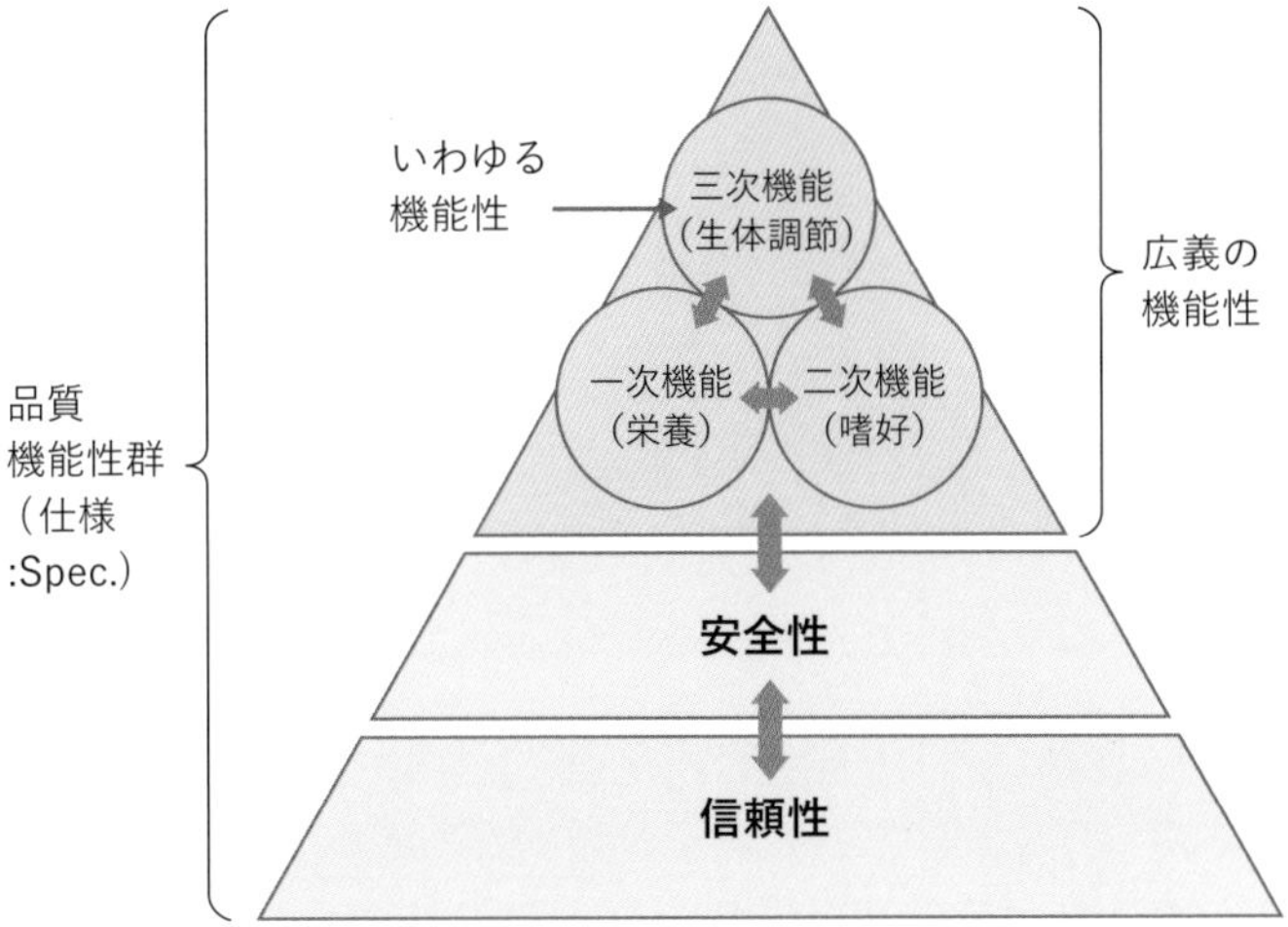

図１　園芸作物の品質機能性群のピラミッド構造

がるとされる「生体調節機能」である。日本は世界の中でいち早く超高齢社会になり、健康長寿に関心が高まり、食への関心は高い。日々の食事で三次機能を考えると、野菜の寄与が高いため、より注目されているのであろう。また機能性食品（Functional Food）は日本発の概念であり進展が著しい。農産物輸出を考える上でも重要なツールとなる。

③安全性と信頼性

まず「食中毒を起こす有害微生物が適切に管理されているか？」といった安全性への対応は、農産物の品質の土台に位置づけられる。園芸作物の内部品質も、安全性の土台の上、さらにそれを支える信頼性の上に乗っている（図1）。

2　生産から流通まで

農家は生産のみを考えていればよいという時代は終わった。最後にどう消費されたのか、またこれらの情報が生産者にフィードバックされることによりシステム全体が改善される。

図2に、生産から消費までの農産物の流れを示す。

①GAP

農産品の安全、環境保全、労働安全等の持続可能性を確保するための生産工程管理の取り組みのこと。農産物の品質はまずは、川上の管理が重要となる。IPMなどもそれを支える取り組みのひとつである。

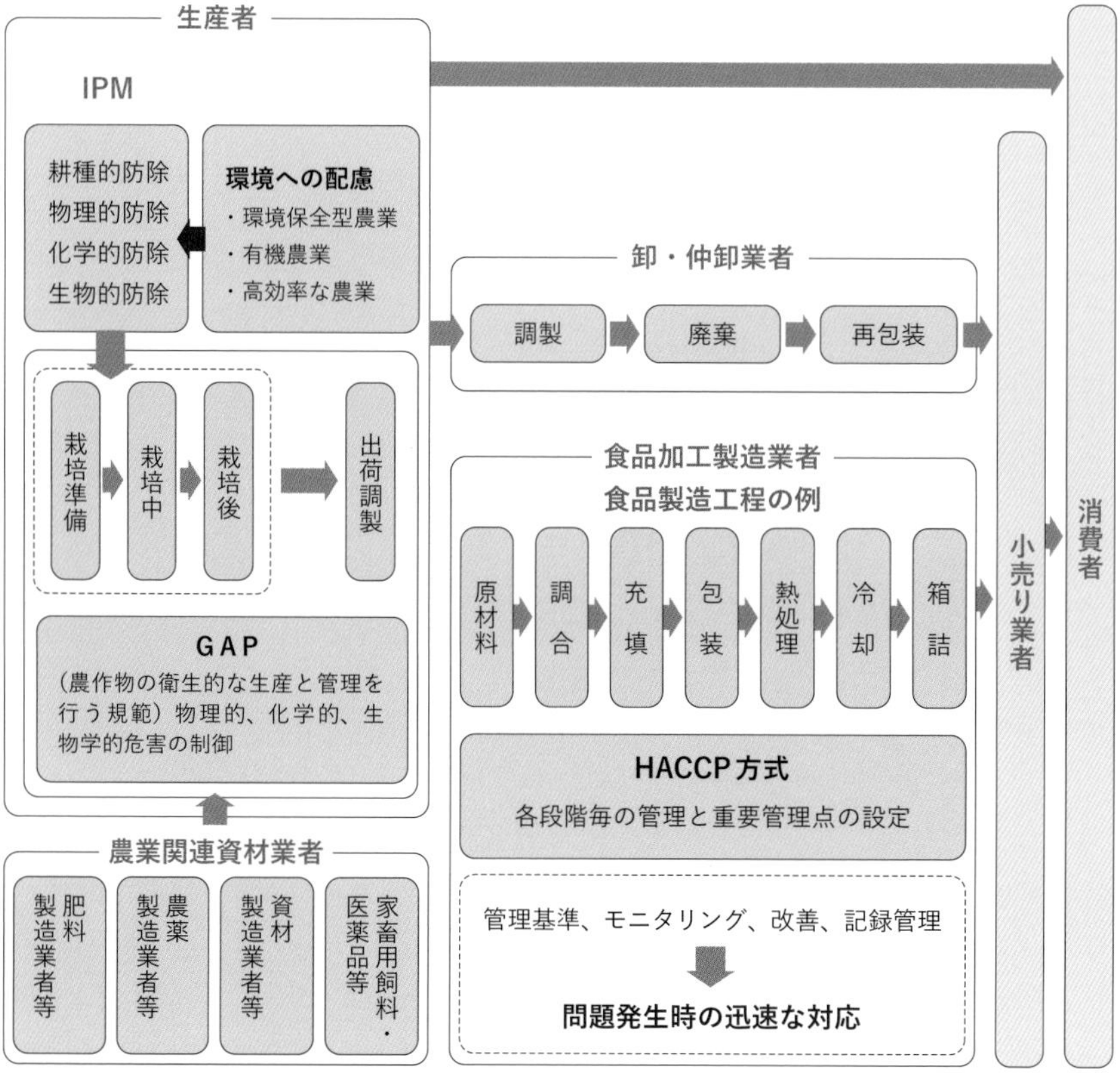

図2　生産現場から消費者までの農産物の流れと取り巻く環境

②HACCP

２０１８年の「食品衛生法」改正の際、２０２０年からの義務化が盛り込まれた。農産品の危険物質の混入リスクを減らす手法で、今や国際標準である。

③スマートフードチェーン

生産から消費まで、データ活用が進んでいる。施設園芸はその先端を走っている。現在、生産現場においては、環境データの充実や対象品目を拡大するとともに、流通、食品製造との連携が実施されている。

最終的には、生産から流通、加工、消費までデータの相互利用が可能なスマートフードチェーンが創出され、農業においても、超スマート社会（Society5・0）が実現され、輸出振興へと強力に展開されていく。

農産物品質

有機栽培と持続的な生産

1 有機栽培と品質

「有機農物＝おいしくて健康に良い」という単純な関係はない（中野、2020）。持続的な生産としての有機農業の評価が重要である（中野、2012）。一方で、長年の研究から、その背後にある関係性も徐々に明らかとなっている。

①糖度

有機物の投入により土壌の物理性が改善され、水ストレスが負荷されやすくなる。窒素の肥効が緩やかなのも食味の向上に寄与している可能性がある。しかし、こうした場合は収量が低下するのが一般的であり、品質だけでなく総合的に考える必要がある。

②窒素

有機態窒素の多くは緩効性であるので、生産物の窒素濃度が下がること、特に硝酸イオン濃度が低下する事例が多い。一方で、かつて硝酸イオンの乳幼児への毒性が強調されてきたが、近年、硝酸イオンは乳幼児以外のヒトの健康に資するとの報告も多く、この点での有機農産物の優位性主張の意義は薄まっている。

③機能性成分

一般にストレスが負荷されやすい状態で二次代謝産物が蓄積する。この点で高糖度化と同様に、「有機物施用による物理性の改善」が重要なポイントである可能性が高い。一方で、このようなストレスは植物工場でも同様に負荷できるため、有機農産物に限った高品質化のメカニズムではない。つまり、農産物の高品質化は有機農産物の専売特許ではない。

④指標としての安定同位体比

農産物に微量に含まれる元素を分析することにより、その農産物の「育ち」を推定できる。例えば、使われた肥料の窒素安定同位体比から、その農産物がいわゆる植物工場産のレタスなのか、有機農産物のレタスであるのかは推定可能である（中野、2010）。

このような科学的な情報をどう受けとめるかは、消費者に委ねられる。

2 未利用資源の活用と脱化学合成農薬

有機農産物の要件の概要としては、①化学肥料の不使用、②化学合成農薬等の不使用、③遺伝子組換え作物の不使用であり、④地域資源を活用し、自然が本来有する生産力を尊重した方法で生産されたものというポイントになる。

①未利用資源を活用する

政府は2050年までに、有機農業の面積を農地の25％にまで増加させるとの目標を示した。堆肥などを適切に活用する必要性が、今にも増して求められる。これと連動して、①と④に対応する施設生産ならではの取り組みが注目される。施肥の項目（第7章）でも述べたが、特に窒素に着目した施肥管理が、高い生産性を確保するポイントである。

施設は露地に比べ相対的には大きな面積は占めないが、例えば施設生産で提案された堆肥を補完するような有機液肥を活用する施肥（中野、1999）は、露地への展開も考えられる。地域で発生する残渣はメタン消化液をはじめ、さらなる利用の促進が図られ、このような取り組みにより、政府目標の達成に寄与する。

②脱化学合成農薬へ

②に対応する施設生産における取組は、高度なIPM活用（図3）である。現状でも、施設生産では接ぎ木などの耕種防除も標準技術として導入されている。病害防除用のネットやUV照射装置も製品が開発済みであり（「タフナレイ」パナソニック）、既に標準技術の域に達している。

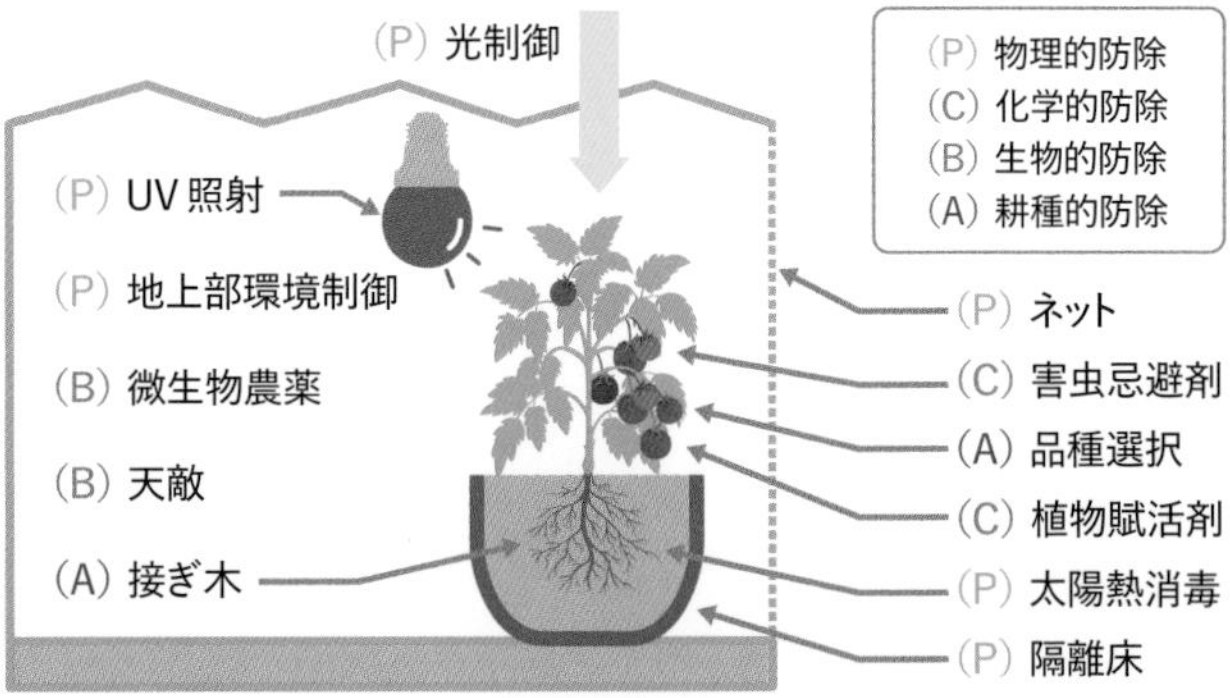

図3　施設は様々な技術導入が可能な生産システム

今後、高度な環境制御技術（統合環境制御、第10章）やAIによる予察技術等、地域の実情に合わせた現場での実証が積み重なれば、脱化学合成農薬施設生産は十分可能である。

農産物品質

施設生産ならではの品質制御法と実例

1 園芸作物でターゲットとなる成分

園芸作物でターゲットとなる成分は、ビタミン・ミネラルと二次代謝産物ということになる。

ビタミンについては、野菜や果物には含まれないビタミンB_{12}を約100μg／100g含んだ「栄養機能食品」としてカイワレダイコン（スプラウト）が市販されている（村上農園）。ミネラルについては、Ca・Mg・Znを富化する栽培方法が開発されている（秋田県立大学）。二次代謝産物は極めて多様であり（**表1**）、今後、育種や環境制御により、成分制御した野菜果物が市場を賑わすことになるだろう。

2 品質制御の2つの考え方

野菜果物に含まれる成分の制御法には、直接的に成分を調製する方法のほか、肥料成分の制御により間接的に制御する方法がある。また、肥料などの量を制御するのか、含まれる成分の質を制御するのかがある。

①量の制御

肥料をやりすぎて過繁茂になると、一般に軟弱になり病気にかかりやすくなる。肥料などは量を分けて与えると、しっかりと成分の詰まった生産物ができる。CO_2も養液と同様日射に合わせて施用するのが無駄もなく合理的である。

②質の制御

供給する物質の質を制御することにより品質も変わる。例えば、カリウム（K）は「品質の元素」と呼ばれる。Kの施肥量で、トマトなどはクエン酸濃度つまり、酸っぱさが変わる。単に甘いだけではおいしくないので、このような制御で究極の食味が達成できる。

キュウリのケイ素（Si）も注目すべき元素である。病害の抑制にSi施用は効果があるが、果実の外観が悪くなり食味が落ちるとされている。培養液の処方は確立したものであるが、消費者ニーズの変化を意識して制御することにより、新たな付加価値が生まれる。

3 施設生産での品質制御の実際

施設生産では、成分制御が可能という大きなメリットがある。大きくは、①有用成分を増やす、②有害成分を減らすということである。

①有用成分を増やす

高リコペントマト　タキイ種苗などから、高リコペン系統のトマト（図4）が上市されている。成分の安定的な発現が可能な環境制御法が開発されつつある。

高GABAトマト　既にGABAを通常品種より多く含む品種が開発され（カゴメ）、市販されているが、さらに濃度を高めた品種も**ゲノム編集技術**により開発、上市された（サナテックシード）。

高ミネラルレタス　葉菜類の養液栽培の場合、栽培終期の培養液制御で、他の品質を損なうことなく、生産物の無機成分濃度の調製が可能である。通常多量に吸収されるイオンを減らすなどして制御し、相対的に吸収量の少ない元素の吸収を増加させる。

高ポリフェノールレタス　紫外線カットフィルムによる光質制御で、生育を落とさずに着色を維持する手法が開発されている。比較的簡易な環境制御でも成分制御は可能である。

②有害成分を減らす

低カリウムレタス　Kは健常者には極めて重要なミネラルであり摂取がすすめられるが、腎臓病患者には摂取をコントロールする必要がある。栽培終期にKの低い培養液に変え、レタスのK濃度を半分以下に低下させる。腎臓病患者のQOL（Quality of Life：生活の質）の向上に資する成果で、臨床研究も進んでいる。

低ソラニンバレイショ　植物工場で種イモを増やす手法も開発され、施設は露地の安定生産にも貢献する。またゲノム編集で、バレイショに含まれる有害物質**ソラニン**を減らすことができる。

中玉トマト「フルティカ®」。写真提供／タキイ種苗（株）

図4　高リコペントマト

表1　園芸作物に含まれ機能性を持つといわれている成分

分類			機能性	含有農産物食品例
ポリフェノール	アピイン（アピノール）		精神安定、頭痛改善、抗ガン作用、食欲増進	セルリー、パセリ
	クロロゲン酸		抗酸化作用、ガン予防、老化防止、生活習慣病予防	カンショ、ゴボウ、ナス
	ラクチュコピクリン		鎮痛作用、睡眠促進効果、食欲増進、肝臓・腎臓の機能向上効果	レタス、チコリ
	アントシアニン		目の機能向上・眼精疲労回復効果、抗酸化作用、生活習慣病予防	アカジソ、紫キャベツ、ナス、スイカ、紫カンショ、オウトウ、リンゴ、イチゴ、ブドウ、ブルーベリー
	ケルセチン		抗酸化作用、抗炎症作用、発ガンの抑制、動脈硬化予防、毛細血管の増強、花粉症抑制、体内に摂取した脂肪の吸収を抑制	タマネギ、エシャロット
	ルチン		生活習慣病予防	ケール、ホウレンソウ、アスパラガス
	イソフラボン		更年期症状緩和、骨粗しょう症予防、冷え症予防、女性ホルモンの欠乏を補う	ソラマメ、エダマメ
	ジンゲロール		抗酸化作用、ガン予防、動脈硬化予防、老化予防、消化吸収促進、血行促進作用、発汗作用	ショウガ
アミノ酸	リジン		成長促進作用、皮膚炎予防	エダマメ、ソラマメ、ブロッコリー、ニンニク
	トリプトファン		不眠症予防・改善、抑うつ症状の緩和	エダマメ、ソラマメ、ニンニク、ホウレンソウ
	アスパラギン酸		疲労回復作用、スタミナ増強作用	アスパラガス、トマト
	グルタミン酸		脳や神経の機能活性化、排尿作用	トマト、ハクサイ、ブロッコリー
オリゴ糖			整腸効果、便秘解消効果	ゴボウ、タマネギ
レシチン			老化予防、動脈硬化予防、脂肪肝予防	エダマメ
コリンエステル			ストレス性の交感神経活動を抑制、血圧や気分を改善	ナス
キャベジン（ビタミンU）			胃腸障害に有効	キャベツ、レタス、セルリー
キシリトール			虫歯予防効果	イチゴ、レタス、ホウレンソウ、カリフラワー
ムチン			胃壁保護、肝臓・腎臓の働きを助ける、高脂血症予防、糖尿病予防	ヤマノイモ、サトイモ、オクラ、レンコン
アスコルビン酸（ビタミンC）			抗酸化作用、ガン予防、抗ガン物質生成	野菜・果物全般
カロテノイド	α-カロテン・β-カロテン		抗酸化作用、ガン予防	ニンジン、ホウレンソウ、ブロッコリー、カボチャ
	γ-カロテン		抗酸化作用	トマト、アンズ
	リコペン		抗酸化作用、ガン予防	トマト、スイカ
	カプサンチン		抗酸化作用、ガン予防、生活習慣病予防、老化予防	ピーマン
	キサントフィル類	ゼアキサンチン・ルテイン	視力低下抑制効果	ホウレンソウ、マンゴー、パパイア、トウモロコシ、キウイフルーツ、メロン
		β-クリプトキサンチン	抗ガン作用	温州ミカン、トウモロコシ、ポンカン
イオウ化合物	硫化アリル		生活習慣病予防、ガン予防、胃腸炎改善	タマネギ、ネギ、ニラ、ニンニク、ラッキョウ
		アリシン	殺菌作用、ガン予防、疲労回復	ニンニク
		硫化プロピル	血糖値低下	タマネギ
		サイクロアリイン	血栓を溶かす	タマネギ
		その他の硫化アリル	肥満改善	タマネギ
	イソチオシアン酸類		ガン予防	キャベツ、ブロッコリー、カリフラワー
クロロフィル			ガン予防、コレステロール値低下作用、貧血予防効果、炎症鎮痛作用	ホウレンソウ、ニラ、ピーマン

独立行政法人 農畜産業振興機構の「野菜ブック」の情報をもとに情報を修正付加して整理。

農産物品質

園芸作物の貯蔵と品質

1 収穫物は生きている

園芸作物は基本、鮮度を重視する。鮮度を維持できればロスも少なくなり利益率が上がる。園芸作物の貯蔵と品質保持においては、「温度制御」と「ガス制御」が基本である。

収穫後の農産物では、光合成と吸水の逆反応の代謝が活発化する。つまり呼吸と蒸散である。ヒトに対するメリットから考えると、①農産物自体の呼吸による糖分の減少、そして園芸作物において重要な②水分損失による鮮度の低下、③老化による外観の低下をいかに抑えるか、ということになる。

代謝制御の前に、農産物として傷物にしないことである。まず物理的な保護、丁寧に扱うことは大前提である。その上で、呼吸・蒸散・老化には温度とガス環境を制御する。特に生育途中のものは呼吸の消耗も早いため、品目の特性に応じて注意する（図5）。例えばホウレンソウは、水分の蒸発により萎れて商品価値が低下する。ブロッコリーは、高温に遭遇すると黄化して品質劣化する。スイートコーンやエダマメは、見かけではわかりにくいが、保存状態が悪いと糖度が低下して、消費者の評価が下がる。

2 品質制御のポイント

①物理的刺激

園芸作物の表面は柔らかいので、物理的な接触により外観品質が低下し評価が下がる。葉菜類のスレやイチゴ、モモなどの打撲による表面の変色、キュウリのトゲの脱落などが相当する。これらは食感や風味の低下など内部品質の劣化にもつながる。

②温度制御

貯蔵温度は、園芸作物によって異なる（表2）。野菜類は概ね10℃以下であるが、トマト、ナス、キュウリなどの果菜類はやや高め、その他のイチゴ、メロンなどは低めがよい。花きは概ね5℃以下であるが、トルコギキョウはやや高い。果樹はバナナとカンキツは高く、その他は0℃

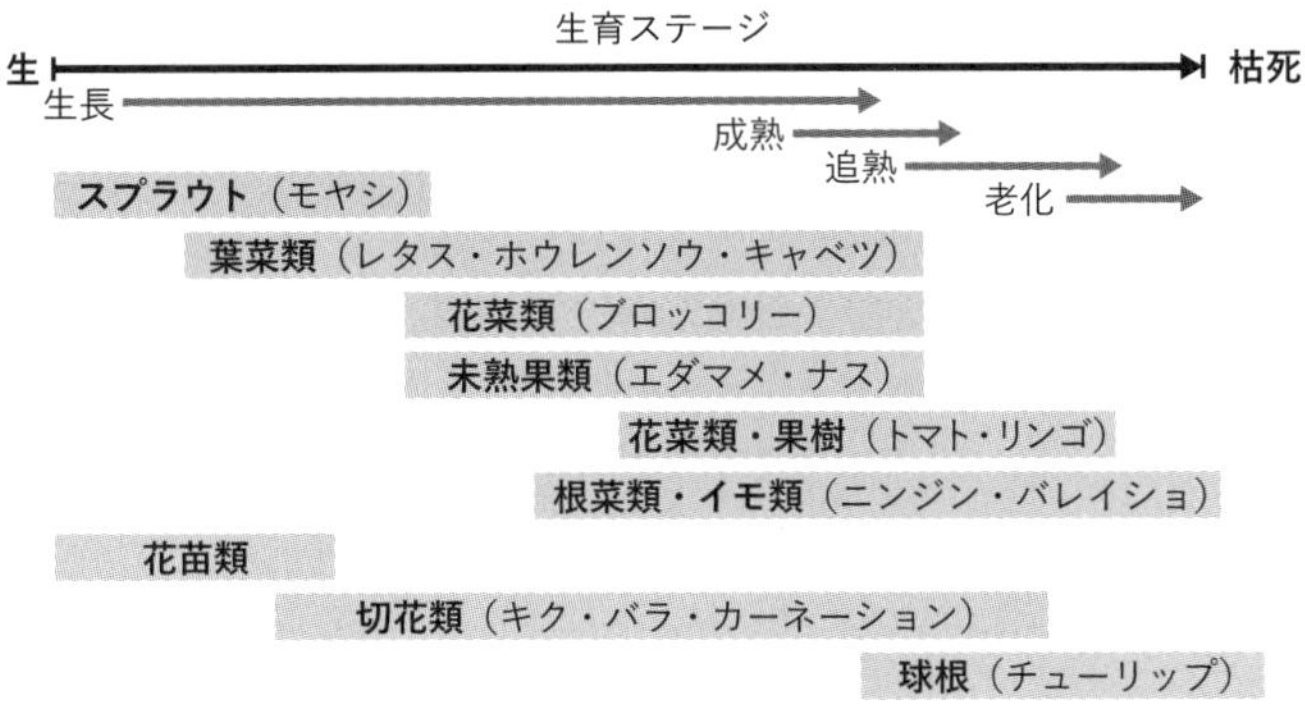

図5　園芸作物の収穫時期と生育ステージの関係

程度で保存する。

③湿度制御

概ね85％以上で保存するが、花は

表2　園芸作物の最適貯蔵条件

作目	貯蔵最適温度（℃）	貯蔵最適湿度（相対湿度％）	貯蔵限界日数	エチレン生成量	エチレン感受性
トマト（完熟）	8～10	85～90	7～21	多	低
トマト（緑熟）	10～13	90～95	14～35	極少	高
イチゴ	0	90～95	7～10	少	低
ナス	10～12	90～95	7～14	少	中
キュウリ	10～12	85～90	10～14	少	高
ネットメロン	2～5	95	14～21	多	中
アスパラガス	2.5	95～100	14～21	極少	中
ホウレンソウ	0	95～100	10～14	極少	高
レタス	0	98～100	14～21	極少	高
バラ	2～5	70(湿式)	7	中	中
キク	2～5	70(湿式)、95～100(乾式)	20	低	低
カーネーション	2～5	70(湿式)、95～100(乾式)	14	高	高
トルコギキョウ	5～10	70(湿式)	7	中	中
ユリ	2～5	70(湿式)、95～100(乾式)	7	低	低
リンドウ	2～5	70(湿式)、95～100(乾式)	7	中	高
ダリア	2～5	70(湿式)	3	中	中
オレンジ	0～9	85～90	60	極少	中
リンゴ	−1～0	90～95	90～180	極多	高
バナナ（黄熟）	13	90～95	4～5	中	高
キウイフルーツ	0	90～95	90～150	少	高
ブドウ	−1～0	85～95	30～180	極少	低
オウトウ	−1～0	90～95	14～21	極少	低

植物工場・施設園芸ハンドブック（2017）、花きについては市村一雄博士、八木雅史博士からの情報を参考に作成。

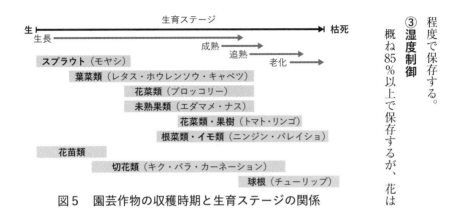

乾式では高め、湿式では低めである。

④ガス制御

品質保持にはガス環境を制御するCA貯蔵が一般的で、二酸化炭素を高めることがポイントである。エチレン制御を制御することも重要で、リンゴなどの果樹では1-MCPを用いた手法が標準技術となっている。

3 目指すべきスマート生産流通

①コロナ禍により顕在化した生産・流通の課題

①生産場面では、収穫調製などの労働力不足が顕在化した。②加工場面でも加工調製の労働力不足が律速となった。③流通場面では供給不足を埋め合わせる調整体制が不十分であることが露呈した。顕在化したこれらの課題を解決し、併せてフードロスゼロ等SDGsにも対応した「ポストコロナ時代のスマート生産流通システムの確立」が強く求められるようになった。

②施設生産と連動するスマート生産流通体系

ポストコロナ時代は、生産・加工・流通における人の移動や接触の抑制が必要となり、全工程における省人化、無人化が徹底されるだろう。また、感染拡大時の農産物需要の変化に応じた柔軟な生産流通にも対応する必要がある。施設生産でも、これに対応し、ロボット、ICT、AI技術はもとより、品種開発や品質保持技術も統合して、実証的に取り組む。

※本文中、色文字および色文字、太字で記した用語の解説は154ページ参照。

復習クイズ

第1問 まだ食べられるのに捨てられてしまう「食品ロス（フードロス）」は、日本では約600万t/年である。日本の人口を1.2億人とすると、毎日1人当たり何gの食べ物を捨てていることになるか？

第2問 ルテインは生体内で抗酸化活性を示す機能性成分。1日の摂取目安量を10mgとし、ホウレンソウ「弁天丸®」には12mg/100g（新鮮重）が含まれるとすると、ルテイン摂取には毎日何gを食べればよいか？

第3問 園芸作物のフードロスを減らすには、どのような取り組みが必要であると考えられるか、異なる3つの視点から150字程度で述べよ。

（クイズの解答例は150ページ）

COLUMN

“次世代の信頼性”を支える分析化学技術

生産現場から消費者に届くまで、一連の流れを管理するスマートフードチェーンの構築により、フードロスの低減をはじめとして流通の効率化が図られ、定時、定量、定価格の園芸作物の供給が進展する。これはICT技術の活用により情報管理が徹底されることでもあり、園芸作物の信頼性を高めるしくみにもなる。

また、日本に優位性のある品種が、海外で無断で栽培されれば、国益の損失になる。そのような事例は、品種の海外での登録を適切に行うことが前提となり、それは情報技術により簡便となる。一方で、これらの情報技術と連携する「分析化学技術」が必須である。例えば、品種を識別できるDNAマーカーが抑止力の基盤となる。さらに地理的表示制度（GI：Geological Index）は、特定の地域で生産された農産物をアピールするものであるが、化学的に調査してみると興味深い。GIはワイン生産が盛んなヨーロッパで、風土（テロワール）がその品質と大きく関連していることに、その発想の底流のひとつがある。個々のワインの微妙な味わいに、微量元素が影響しているとの見方もあり、その土地の土壌に特有の元素組成は製品であるワインに反映される。そのため、ワインを化学分析すれば、ブランド品の真贋が判別できる。このような分析化学技術の成果は、究極のトレーサビリティーにも応用できる。

品種や原産地の判別に加えて、特に施設生産では、例えば栽培方法で大きく窒素の同位体比が変わる。トマトの果柄を分析すれば、その生産履歴が推定できる。有機栽培されたトマトと、植物工場の養液培地で生産されたトマトを見分けることができるのだ。

新たな信頼性は、情報科学と分析化学を合わせたハイブリッドシステムに合理性がある。新たなしくみで、さらに高いレベルでの信頼性が担保されることだろう。

新展開

第12章 ▼ みらいの施設園芸

施設園芸の新たな展開

1 施設園芸の社会的役割

施設生産は「被覆」という環境制御を皮切りに、高度な環境制御が生産現場にまで適用され、今や**インドアファーミング**にまで昇華した、集約農業の典型である。今後も他産業の革新的技術を取り入れながら社会問題の解決を担う生産体系として、社会インフラに組み込まれ、必要不可欠な食料供給システムとして確固とした地位を占めるだろう。

2 今後の施設園芸に必要となる6つの視点

①生物生産の極限へ

日本では2005年頃から収量を意識し、「植物工場」を旗印に国を挙げた取り組みが活性化した。国内の10a当たりの施設生産の最高水準は**トマト70t**（慣行15t）を超えた。キュウリも50t（慣行15t）を超え、イチゴも10t（慣行3t）を超える水準が実証された。ここ10年で環境制御に対する考え方も現場に普及し、チャンピオンデータは慣行の数倍に引き上げられた。今後、技術の横展開で日本のレベル全体を引き上げる（図1）。

②労働力不足対応

収穫ロボットや運搬ロボット等、トマトやイチゴでは生産現場におけるロボットの導入が実装段階に入った。一方で、整枝法は洗練されてきたが、トマトの葉や実のつき方など依然生物の形態は複雑であるため、今後AIによる果実認識がさらに発展するだろうが、それだけでは完全自動収穫の達成は困難であろう。ロボット技術の社会実装の加速化には、

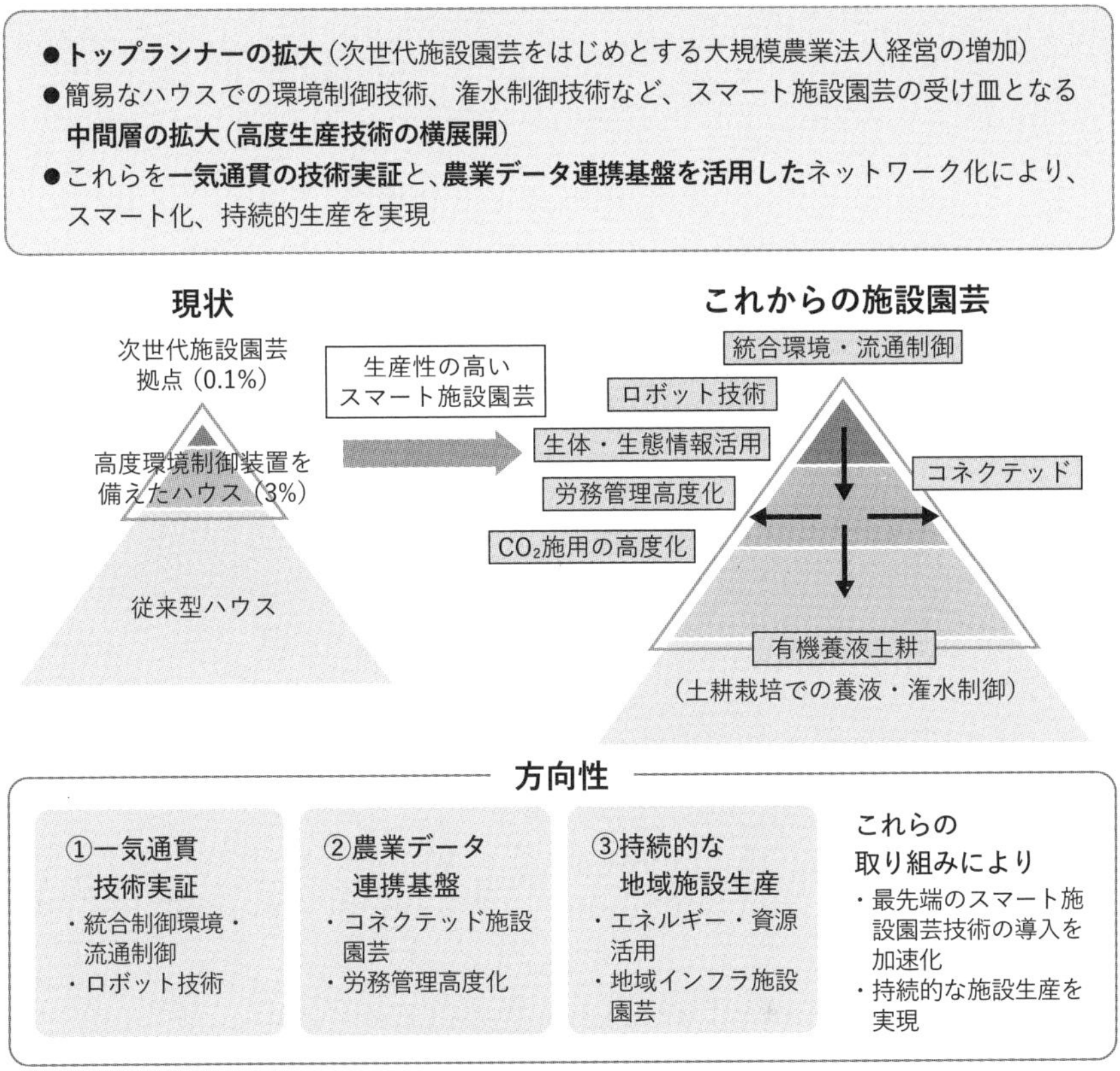

図１　施設園芸の将来像

作物からロボットに寄せていく、そのような品種開発や栽培技術開発がキーとなる。

③健康長寿社会へ対応

多様な機能性園芸産品の**カスタムメイド**を目指す。また、生産や流通の現場では病害虫や食中毒を引き起こす衛生微生物の問題が極めて大きいが、意外にもまずヒトが汚染源になる。安全で信頼性の高い農産物の安定供給を極めるには、やはりロボット技術による省人化、究極的には無人化を目指すべきだろう。

④高効率な植物生産システムへ

エネルギーと資源のポイントは〝効率〟である。まず直接的な光エネルギー利用については、植物の光利用効率を最大化させる。また、エネルギーでは長期的スパンに立てば、化石エネルギーはいずれ枯渇するので、局所環境制御などによる効率化、資源では液肥の量管理施用による肥料利用効率の最大化を目指す。

⑤持続的な社会インフラとしての施設園芸

社会と同様、施設園芸も、まずは自立的かつ持続的な生産体系とならねばならない。現状の施設園芸は、枯渇するエネルギーや資源を投入して農産物を得るシステムが主流であり、生産に伴い多大な環境負荷が発生している。大気中のCO_2は急激に増加し、NとPはプラネタリーバウンダリーを超過し危機的な状態である。

これからの農業技術では、化石燃料に依存しない再生可能エネルギーや、化石資源に依存しない資源の導入割合を段階的に高め、エネルギーおよび資源の循環を積極的に図る（図2）。地域循環の触媒機能、静脈産業として、施設生産は社会インフラとなる。

⑥世界の食料安定供給に貢献する日本の施設園芸

「日本で確立した持続的な施設園芸」は、気象条件が似ているアジア圏へ展開し、さらには全世界の生産性向上に向けた普及を目指す。日本農産物の輸出促進や施設園芸関連製品のパッケージ輸出の新たなエンジンになる。

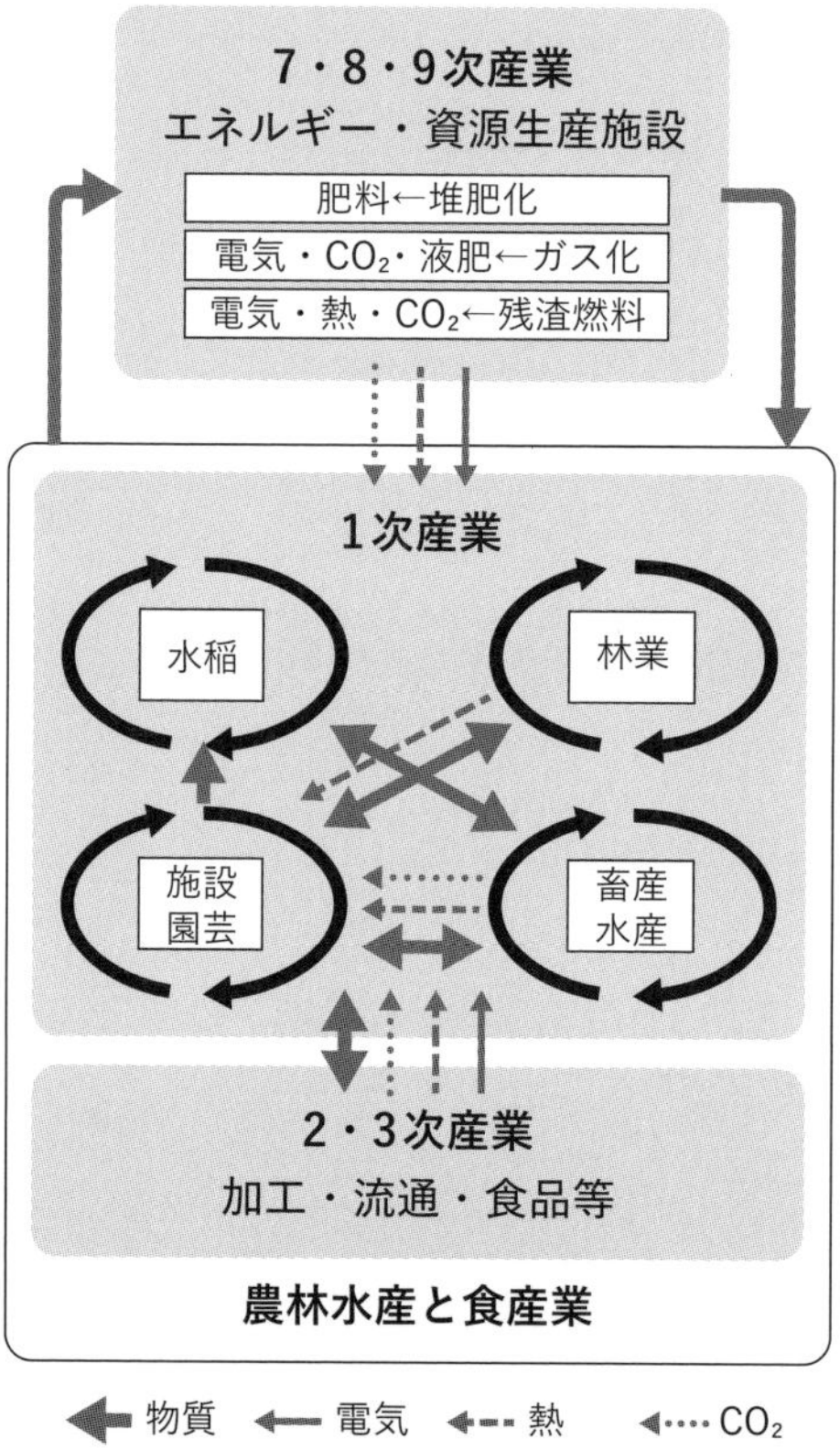

図2　エネルギー・資源の連携多重利用の中の施設園芸

新展開

最先端の研究開発の取り組み事例

1 国内外の施設園芸に関連する事業展開

本項では、施設生産に関する最先端のプロジェクト研究および関連する実証的な研究開発事業について概要を紹介する。

①先端的実証研究としての第1期SIP（2014〜2018年度）

科学技術イノベーションを実現するために、新たに創設されたプログラムがSIP（Cross-ministerial Strategic Innovation Promotion Program／内閣府）である。このうち次世代農林水産業創造技術で推進された研究開発は、施設野菜の代表ともいえるトマトについてである。種苗会社と連携し、耐病性品種はもちろん、養液栽培適性のある多収品種、台木品種開発も行われた。CPSの概念（図3）を実装し統合環境制御を実装した結果、55kg・m^{-2}（収量5割アップ）糖度5度が達成された。

②新たなサプライチェーン構築を目指した第2期SIP（2017〜2021年度）

第1期の成功を展開するために、生産から流通・消費までのデータ連携により、サプライチェーン全体の最適化を可能とするスマートフードチェーン（SFC）の構築を目指している。この中では、実需側のニーズに応えて一次産品を供給する「データ駆動型スマート生産システム」が開発されている。具体的には、圃場内の生育ムラを改善する生育斉一

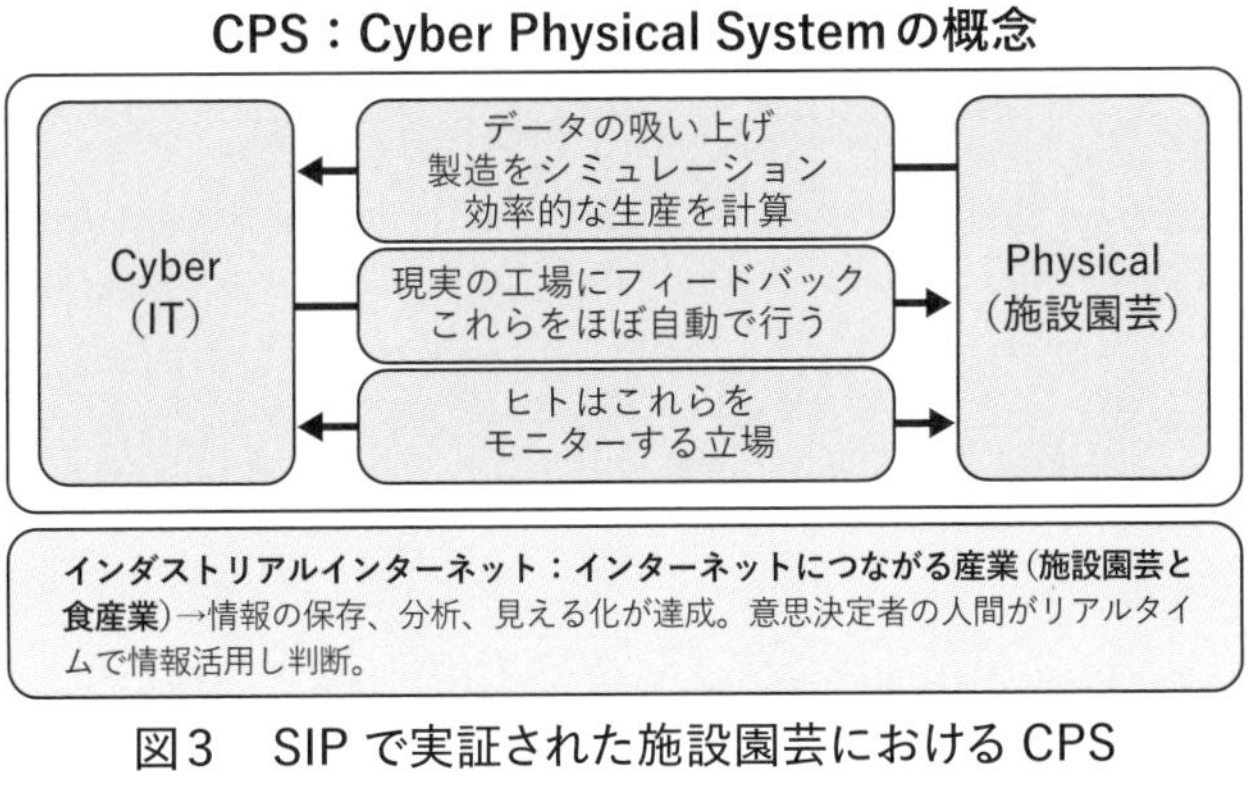

図3　SIPで実証された施設園芸におけるCPS

化技術や、**生育シミュレーション**技術と圃場画像センシング技術を連動させた精密出荷予測システムである。また、知能化した農機による農作業・移動運搬の自動化技術の開発により、作業時間の30％削減を目指している。さらに、流通場面では需要に応じた適正品質の予測・制御技術を開発するとともに、鮮度保持技術等も開発する。これにより高品質な農産物の消費者への提供が可能となり、併せて食品ロス10％削減が達成される。生産から流通まで一気通貫で早急に社会実装することを計画し、研究が進展している。

③アジアモンスーンモデル植物工場システムの開発と世界展開（2016～2020年度）

世界の食市場は、2010年の約350兆円から2020年には約700兆円まで倍増した。特にアジア全体では富裕層の増加や人口増加等に伴い、大きな食市場が広がっている。日本の農林水産物・食品の輸出を拡大し、農林水産業を成長産業にするためには、この世界の食市場の成長を取り込むことが不可欠である。日本の農産物輸出はまだまだ少ない状況であるが、日本の強みである素材、省エネ、ＩＣＴ、ロボット等の技術を活かしつつ、**ユネスコ無形文化遺産**に登録された和食の輸出推進を行い、おいしく、安全・安心な食材の輸出拡大に取り組んでいく農産物輸出戦略が重要であろう。

　このような取り組みは、農林水産省による『「知」の集積と活用の場推進事業』により、民間企業の活力を農業分野に取り込んで実施された。具体的には、農林水産・食品産業の情報化と生産システムの革新を推進する「アジアモンスーンモデル植物工場システムの開発」で、酷暑の亜熱帯を乗り切る世界発の試みが実証され、高温多湿条件下で日本の良食味トマト30ｔ／10ａ／年が実証された。

パッシブ型ハウスの外観。　写真提供／三菱ケミカル（株）

図4　ITグリーンハウス研究施設

新展開

地域への展開を意識した取り組み

1 次世代施設園芸拠点

農林水産省の事業により、オランダのような園芸先進国に学び、地域エネルギーの活用や日本の技術を駆使し、高度な環境制御により周年安定生産する体制を構築するため、新しいスタイルを追求する次世代施設園芸の実施拠点が整備された（図5）。これらの拠点は、栽培面積が3～4haと大きく、これまでの施設園芸ではほとんど見られなかった規模で、イチゴ、トマト、ミニトマト、パプリカ、キュウリ、トルコギキョウなどが栽培された。各拠点とも、民間企業、生産者、地方自治体などが参画し、コンソーシアムとして運営された。多くの雇用も含めた組織で運用されるため、栽培管理だけでなく、人的な管理なども含めたノウハウの蓄積と、大規模で高度な環境制御を行う施設園芸を運営できる人材の育成などが実施された。モデル拠点としての経営評価が実施され、その有効性が実証された。

2 スマート農業

①スマート農業のコンセプト

スマート農業とは、ロボット技術や情報通信技術（ＩＣＴ）を活用して、省力化・精密化や高品質生産を実現する新たな農業のことである。野菜生産にあっては、水田農業と比較して、機械化一貫体系はタマネギ等の限られた品目でしかなかったが、キャベツやホウレンソウなど機械化一貫体系の導入に向けた収穫機が開発され、広がりを見せつつある。さらにＡＩやIoT等を活用した新たな農業技術が開発されつつあり、野菜生産にあっても、従来なかった生産技術の社会実装が期待される。

具体的に、露地野菜でのスマート農業では、ＡＩを搭載した「生食用キャベツ収穫ロボット」や「レタス収穫ロボット」が開発されつつある。

施設野菜でのスマート農業については、さらなる生産性向上を目指し、「植物体情報の自動計測技術」や、「光

- 2013年度より、**全国10ヵ所**で**次世代施設園芸拠点の整備**を開始し、**2016年度に全拠点が整備。**
- 自治体、生産者、実需者等が**コンソーシアムを形成**し、**ICTによる高度な環境制御**と**地域資源エネルギー**を活用した**大規模な施設園芸**を展開。

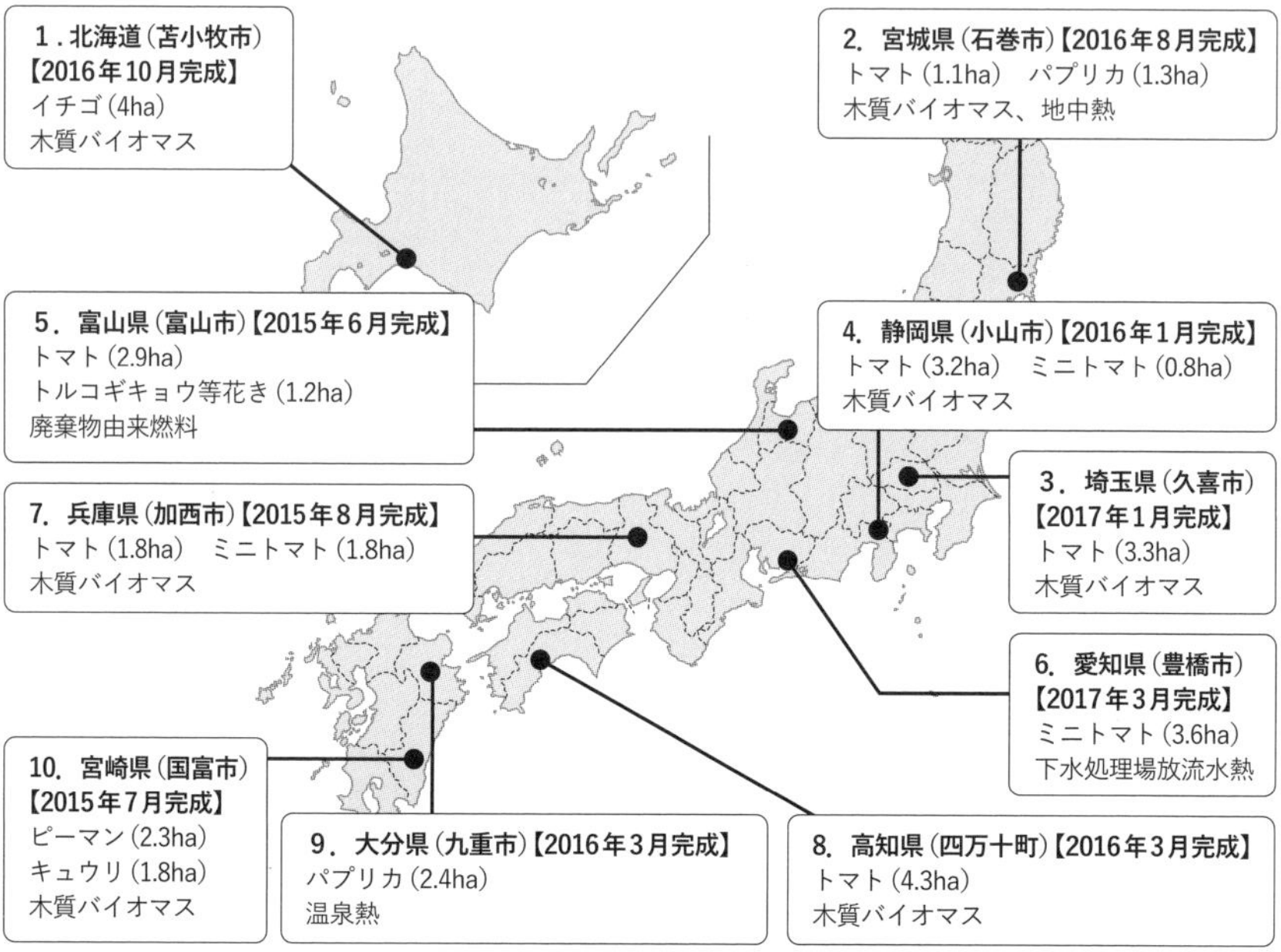

図5　次世代施設園芸拠点（10地区）

合成能の見える化とそれに基づく収量予測技術」、「人員配置等の労務管理の最適化技術」、「ロボットによる自動収穫の技術開発」が進んでいる。重要なのは、これらの要素技術を統合的に組み込んで、「スマート農業」として一気通貫の効果を検証し、それを地域の実情に合わせた次世代の野菜生産のモデルとして普及を図ることである。

また、露地と施設に共通して活用可能な運搬、流通技術として「自動運転技術の活用」が進展している。生産現場と市場など屋内外でシームレスに自動走行が可能で、大型コンテナの積み下ろし・運搬も迅速に行うことができる自動フォークリフトのシステム開発が進んでいる。

今後、これらの新技術が全国津々浦々に普及し、野菜の生産・流通シ

表1　スマート農業実証事業（施設園芸）2019〜2020年度の取り組み事例

	課題名	対象品目	主要なスマート技術	代表機関名	実証のポイント
1	施設園芸コンテンツ連携によるトマトのスマート一貫体系の実証	大玉トマト	統合環境制御装置、労務管理システム	農研機構（野菜花き研究部門）	生産から販売までの一貫体系において、収量の10%増加、秀品率の5%増加、販売単価の20%向上、労働時働時間の約10%削減および生産コストの10%削減。
2	施設園芸における収穫ロボットによる生産コスト削減体系の実証	中玉トマト	自動収穫ロボット	パナソニック株式会社	人件費削減による生産コストの低減（穫・集荷に関わる生産コスト削減率2割）、農園管理者による収穫ロボットセンシング圃場内データの活用促進。
3	施設園芸多品目に適応可能な運搬・出荷作業等の自動化技術の実証	ミニトマト、花苗	AGV、営農管理システム、選果機	宮城県農政部園芸振興室	ミニトマト生産10a当たりの年間作業時間を1,712時間から691時間削減する（削減率40%）。花苗生産10a当たりの移動・運搬時間を現状の226時間から201時間削減する（削減率89%）。
4	ミニトマト栽培におけるスマート農業技術を活用した省力・軽労化体系の実証	ミニトマト	AGV、無人防除機、アシストスーツ、営農管理システム	徳島県立農林水産総合技術支援センター	無人防除機による作業時間 慣行の50%削減。自動搬送ロボット導入による収穫作業時慣行の10%削減。
5	促成イチゴ栽培における圃場内環境および作物生育情報を活用した局所適時環境調節技術による省エネ多収安定生産と自動選別・パック詰めロボットを活用した調製作業の省力化による次世代型経営体系の検証	イチゴ	統合環境制御装置、自動選果・パック詰めロボット	農研機構（九州沖縄農業研究センター）	圃場内環境情報および作物生育情報を活用した局所適時環境調節技術による多収安定生産技術の導入と導入する品種の最適化により、慣行法と比較して10%の増収と20%の省力化、20%の省エネ（省資源）化を実現。共同選果施設における自動選別ロボット人件費などの生産コストを10%程度低減。
6	ICTに基づく養液栽培から販売による施設キュウリのデータ駆動経営一貫体系の実証	キュウリ	統合環境制御装置、労務管理システム	愛知県西三河農林水産事務所	10%以上の作業時間の削減、30%以上の単収向上。
7	ICT技術やAI技術等を活用した「日本一園芸産地プロジェクト（施設園芸:ナス・スイカ）」の実証	ナス、スイカ	環境制御装置、労務管理システム、アシストスーツ	熊本市農水局	収量および品質の向上に伴う販売額の20%増。全国の園芸産地があこがれ、目標とする「日本一の園芸産地」を熊本市で実現。
8	大規模施設園芸の生産性を飛躍的に向上させるスマート技術体系の実装	パプリカ	生産管理支援システム、AGV	大阪府立大学	大規模施設園芸施設における生産性（=売上／費用）の15%向上。
9	センシング技術に基づく統合環境制御の高度化によるピーマン栽培体系の実証	ピーマン	統合環境制御装置、労務管理システム	鹿児島大学	光合成速度を維持することで収穫量の5〜20%増加を図る。統合制御による潅水自動化等で70時間/10a程度の省力化。
10	水田地帯におけるAIとIoTを活用した葉菜類大規模経営の実証	ホウレンソウ、ミズナ、チンゲンサイ	生産管理クラウドサービス	株式会社RUSH FARM	慣行の作業体系と比較してマネジメントに関わる正社員一人当りの労働時間を20%削減。慣行の体系と比較し実証品目の合計収量を10%向上。
11	自動収穫ロボットの導入による収穫作業の省力化および自動化実証PRJ	アスパラガス	自動収穫ロボット	inaho株式会社	ロボット導入により、人手による収穫作業時間が20%。

ステム全体のイノベーションが創出される。

②スマート農業実証事業（2019〜2020年度）

「スマート農業」を地域の実情に合わせて生産現場で実証し、スマート農業の社会実装を加速させていく事業である。スマート農業技術を、実際に生産現場に導入し、2年間にわたって技術実証を行うとともに、技術の導入による経営への効果を明らかにすることを目的としている。2019年度から開始し、2021年3月現在、全国148地区において実証されている。施設生産については11課題（**表1**）が実施されている。AGVやロボット、アシストスーツの有効性が示された。

新展開

さらなる飛躍に向けて

1 ポストコロナ社会に対応した施設園芸

品種活用、生産、流通まで民間の要素技術をパッケージ化して、ポストコロナ時代に求められる、衛生管理が十分な生産流通体系を実証し、要素技術と統合モデルの活用普及を図る。例えば、現在もなお需要が増加しているミニトマトをターゲットとし、生産から流通のスマート化により、省力化と衛生管理を達成し、コスト低減、高付加価値化を図る取り組みが始まった（図6）。

具体的な取り組みとしては、①品種選定、②生産技術開発、③収穫技術開発、④総合品質評価法開発の4つのポイントを統合する。①新品種も含め、ミニトマトの斉一性および収量性を福井農試が評価する。②生産方式は、ヤンマーが開発したNSP（ナチュラル・サプライ・ポニックス）による裂果抑制技術をマニュアル化する。③ミニトマトは収穫に割かれる労働時間の割合が大きく、基盤技術がある収穫ロボットを改良し、園芸作物の自動収穫ロボットの普及の加速化を図る。④流通販売では、メディカル青果物研究所が統合的な品質指標を確立し、有利販売を実証する。

以上、国産技術群のパッケージ化を社会実装し、ポストコロナ時代の青果物生産流通のモデルを提示する。このように、スマート農業の発展は、今後の変容する社会にも対応するものになっていくだろう。

2 宇宙での施設生産が人類の課題解決に

人類は生存圏を地球外にも拡大していく。この時に施設園芸も貢献できる。JAXA（宇宙航空研究開発機構）の「資源循環社会に向けた自立循環型水耕栽培システム」に対応し、「閉鎖型生物残渣高速液化技術と環境浄化型養液栽培技術の確立」（図7）が試みられている。これは地球上で問題となっている現代的課題と、地球外での生活を想定した場合に必要となる将来的課題を同時に

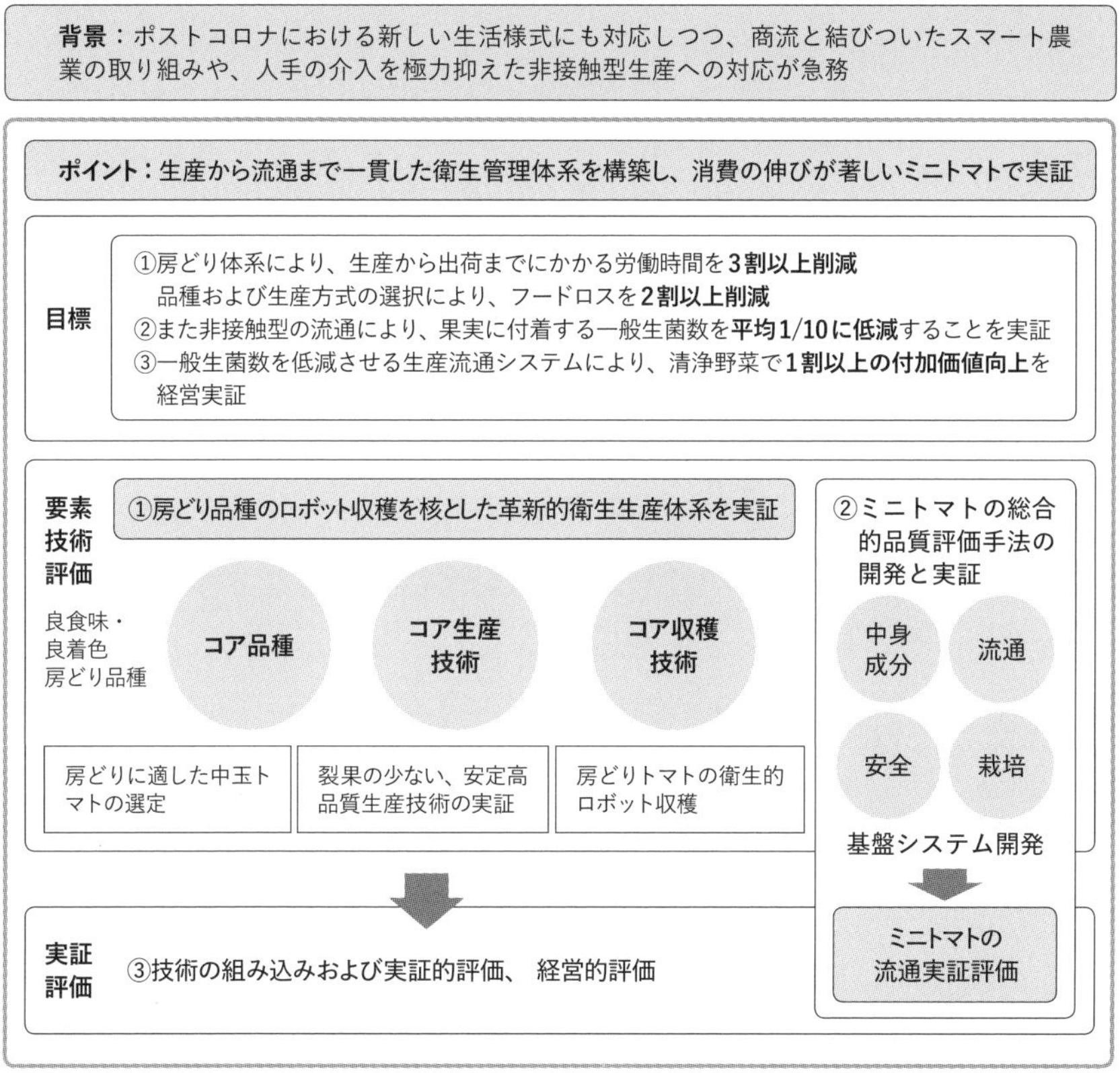
背景：ポストコロナにおける新しい生活様式にも対応しつつ、商流と結びついたスマート農業の取り組みや、人手の介入を極力抑えた非接触型生産への対応が急務
ポイント：生産から流通まで一貫した衛生管理体系を構築し、消費の伸びが著しいミニトマトで実証
目標
①房どり体系により、生産から出荷までにかかる労働時間を3割以上削減
品種および生産方式の選択により、フードロスを2割以上削減
②また非接触型の流通により、果実に付着する一般生菌数を平均1/10に低減することを実証
③一般生菌数を低減させる生産流通システムにより、清浄野菜で1割以上の付加価値向上を経営実証
要素技術評価
①房どり品種のロボット収穫を核とした革新的衛生生産体系を実証
良食味・良着色房どり品種
コア品種
コア生産技術
コア収穫技術
房どりに適した中玉トマトの選定
裂果の少ない、安定高品質生産技術の実証
房どりトマトの衛生的ロボット収穫
②ミニトマトの総合的品質評価手法の開発と実証
中身成分
流通
安全
栽培
基盤システム開発
ミニトマトの流通実証評価
実証評価
③技術の組み込みおよび実証的評価、経営的評価

図6　房どりミニトマトを核としたポストコロナ型生産流通体系の実証

解決しようとする試みである。

現在、地球上では生産に伴う残渣が大量に発生して問題となっている。特に近年需要が増加している加工業務用野菜の残渣の適切な処理法を確立する必要がある。一方、月面など宇宙における食料自給のためには、生産残渣に含まれる元素を有効に活用する必要があり、限られたスペースで残渣を効率的に処理し、循環利用するシステムを構築する必要がある。

本研究では、植物性の残渣を高速分解する技術を基盤として、そこから発生するCO_2および無機元素を全量回収し、養液栽培に利用する手法を確立する。本システムは残渣の投入から農産物の生産において閉鎖型管理で実施し、各工程の全必須元素の収支を解明する。これにより環境浄化型植物生産法を確立する。

具体的には、①生物残渣の無機イオン成分の解析とブレンド基準が策定され、野菜加工工場において排出される様々な残渣液肥が利用しやすくなる。②CO_2を含めて、回収元素の閉鎖型養液栽培における利用法が確立され、発生した無機元素および生元素を全量生産に活用し、廃棄物のみで効率的な野菜生産が可能であることが実証される。これにより、地球上では循環型施設生産のシステム化が加速化するとともに、宇宙での元素循環が円滑に行われ、生存圏の拡大に資する技術のプロトタイプになり、将来月面での生活を支える。

施設生産は、人類の宇宙への進出にも貢献する。そんな夢のある農業分野なのである。

※本文中、太字で記した用語の解説は153ページ参照。

月面農業と地球上の課題解決をつなげる取り組み

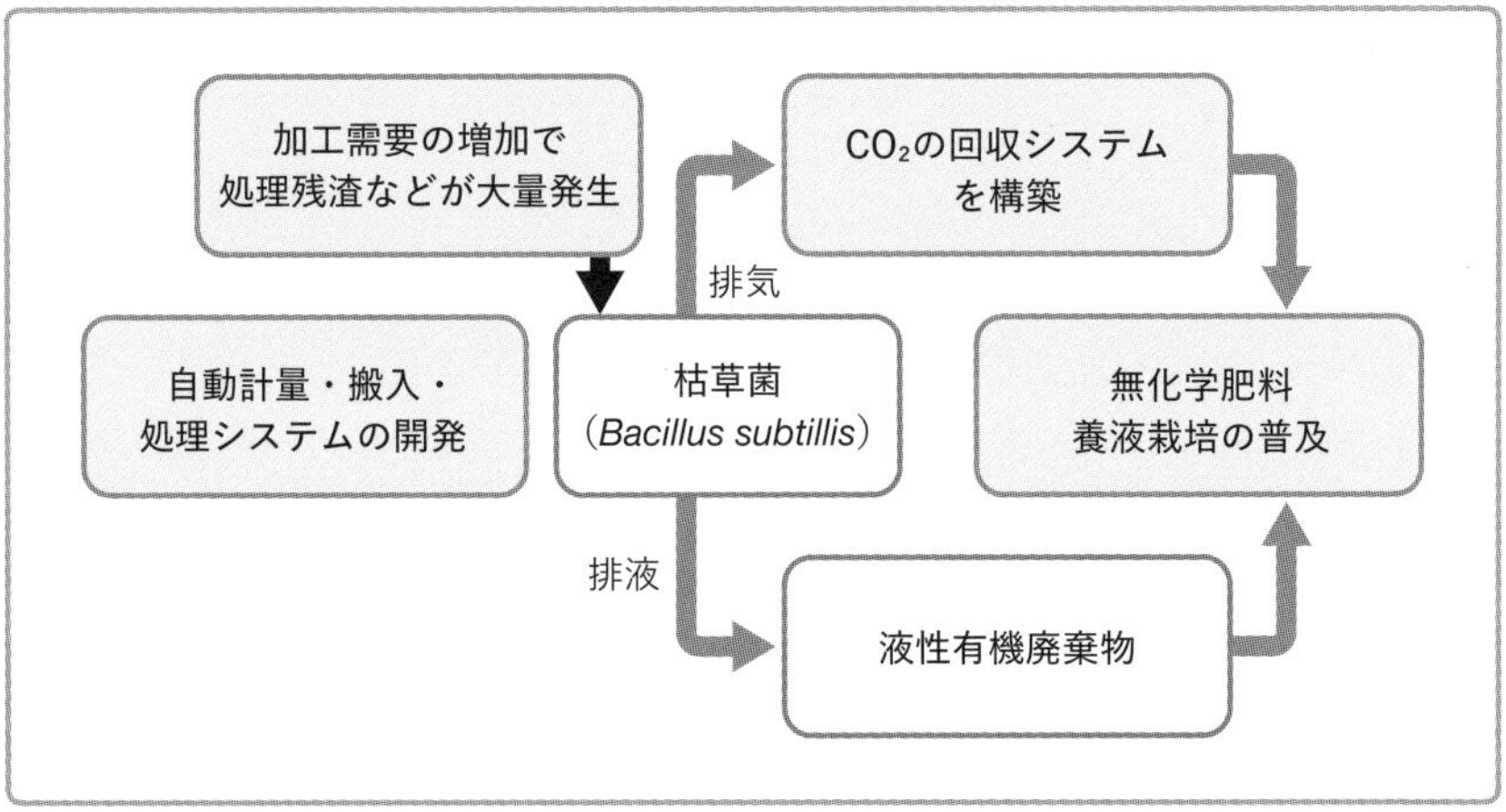

図7　「閉鎖型生物残渣高速液化技術」と「環境浄化型養液栽培技術」の確立

COLUMN

災害復興と施設園芸

毎年来ることが想定される気象災害でも、その備えは万全ではない。ましてや地震への対応は難しい。防災、減災とともに速やかな復興も望まれる。

2011年の東日本大震災は、未曽有の災害を園芸産地にもたらした。あれから10余年となった今、津波で被害を受けた宮城県亘山元町にもイチゴ団地が復活した。また、福島県いわき市ではトルコギキョウの養液栽培システムが導入され、生産実証にこぎつけた。施設生産の技術は、被災農地の速やかな復興にも一役かっているのではないだろうか。これは、津波で圃場が塩害の被害を受けたこともあり、養液栽培が問題解決の合理的かつ技術的な選択肢として選ばれたことによる。技術主導のプロジェクトにおいて、現場で陣頭指揮にあたった多くの研究者と、もちろん生業を復活させた生産者の不屈の精神に敬意を表したい。その後も、2016年には熊本を大地震が襲い、やはり阿蘇のイチゴハウスが壊滅的な被害を受けた。現場を見るにつけ、人知の無力を痛感したことを思い出す。私たちは、このような100年に一度といわれる地震災害にも備えなければならない。そして、昨今のコロナ禍もこのような天災のひとつであろう。

日本は、種類、規模、時間スケールの異なる、多様な災害へ対応してきた歴史を持つ。そして、それらのノウハウをいろいろな場所で蓄積してきた。このような様々な試練を糧にして、いかに安定した食料供給システムを構築するのか、その知恵を、次世代につないでいく、伝承していく義務がある。施設園芸は、災害が頻発する世界にあって、より密接に、人々の生活に貢献していくことが求められ、その分社会のインフラとしての施設園芸の責務がますます高まるのではないだろうか。

これからの施設園芸が「どのように発展するのか？」、「どのように社会に関わっていくのか？」、そして「どのように社会を変えていくのか？」。皆さんで自由に思い描いていただきたい。ちなみに、正解はない。2050年に答え合わせをしましょう。

おわりに

施設栽培は、かつて殿様に献上するような「ぜいたく品」から、今では毎日の食卓にのぼる「必需品」を生産する手法となった。そして、その延長線上には「宇宙農業」も見えてきた。思えば遠くへ来たものだと、我々の子孫が宇宙で生産された野菜や果物を食べ、月に咲く花を愛でる時代もくることだろう。

本書で示したように、環境を制御し園芸作物を効率よく生産するのが施設園芸である。植物の生産に不可欠な、光、熱、元素の関係性、そしてそれらをいかに効率的に組み合わせるのか。いろいろな技術と工夫の積み重ねとして、施設園芸の実際が理解できたと思う。

また、施設生産の利点は、資源や労働力の集約化にあるが、それは枯渇する化石資源に大きく依存している脆弱な側面もある。さらに日本では、生産現場の高齢化に伴い、労働力不足の問題への対応は待ったなしである。今までもそうであったが、これからも種々の要素技術が開発され、それを「施設園芸」というプラットフォームに取り込んで日々改良が重ねられ、これらの難局を乗り切っていくことだろう。

本書は、次世代を担う生産者や研究者が「施設園芸のきほん」を学ぶことを企図して著した。基本を踏まえつつ、今後のキーワードである「持続的な施設園芸」、「快適な施設園芸」への展開を期待する。地球とヒトにやさしい施設園芸がどうあるべきか、本書が皆さんの「施設園芸」に対する理解を深め、「あるべき施設園芸」の議論を進める「きほん」となれば、これに勝る喜びはない。

2021年8月　中野明正

参考文献

第1章

古在豊樹ら, 2006, 最新施設園芸学, 朝倉書店.

平野恵, 2010, 温室, 法政大学出版局.

板木利隆, 2009, 施設園芸・野菜の技術展望, 園芸情報センター.

日本施設園芸協会, 2015, 施設園芸・植物工場ハンドブック, 農文協.

中野明正ら監訳, 2012, トマト　オランダの多収技術と理論, 農文協.

蟹江憲史, 2020, SDGs持続可能な開発目標, 中公新書.

生源寺眞一, 2013, 農業と人間, 岩波書店.

第2章

中野明正, 2016, 植物工場の経営,「次世代日本の施設園芸」, 平成27年度次世代施設園芸導入加速化支援事業, 日本施設園芸協会.

平成30年度次世代施設園芸地域展開促進事業（全国推進事業)「大規模施設園芸・植物工場　実態調査・事例調査」

大山克己・田口光弘, 2018, 大規模施設園芸を利用した経営における生産マネージメント（3）作業管理, 農業および園芸93(10), 893-897.

迫田登稔, 2015, 施設園芸経営の展望と経営管理, 施設園芸・植物工場ハンドブック, 12-22.

第3章

中野明正・岩崎泰永, 2016, 震災後の迅速な施設園芸地域の復興に関する課題, JATAFFジャーナル, 4（11）, 25-31.

日本施設園芸協会, 2015, 施設園芸・植物工場ハンドブック, 農文協.

鎌田浩毅, 2015, せまりくる「天災」とどう向きあうか, ミネルヴァ書房.

第4章

農研機構, 2010, 野菜の種類別作型一覧, 野菜茶業研究所　研究資料, 第5号.

農研機構, 1984, 野菜・花きの作型用語, 野菜試験場研究資料, 第16号.

山川邦夫, 2016, 基礎からわかる！ 野菜の作型と品種生態, 農文協.

久松完, 2014, 電照栽培の基礎と実践, 誠文堂新光社.

第5章

青木宏史ら, 2001, 養液土耕栽培の理論と実際, 誠文堂新光社.

伊東正ら, 2013, 野菜, 実教出版.

川城英夫, 2010, 農作業の絵本①, 農文協.

第6章

日本種苗協会, 2018, 新・種苗読本, 農文協.

日本種苗協会, 2017, 図解でよくわかる　タネ・苗のきほん, 誠文堂新光社.

農文協編, 2021, 農家が教えるタネ採りタネ交換の本, 農文協.

伴野潔ら, 2013, 果樹園芸学の基礎, 農文協.

第7章

藤原俊六郎, 2008, 肥料の上手な効かせ方, 農文協.

JA全農　肥料農薬部, 2014, よくわかる土と肥料のハンドブック, 農文協.

JA全農　肥料農薬部, 2010, だれにでもできる土壌診断の読み方と肥料計算, 農文協.

全国肥料商連合会, 2012, 土と施肥の新知識, 農文協.

中野明正, 2016, 施設土壌における養分蓄積の実態と適正管理に向けた戦略, 農業および園芸, 91（7）, 706-710.

第8章

日本施設園芸協会／日本養液栽培研究会, 2012, 養液栽培のすべて, 誠文堂新光社.

日本養液栽培研究会編, 2018, 養液栽培実用ハンドブック, 誠文堂新光社.

第9章

中野明正ら監訳, 2017, 環境制御のための植物生理, 農文協.

斉藤章, 2015, ハウスの環境制御ガイドブック, 農文協.

農林水産省, 2018, 施設園芸省エネルギー生産管理マニュアル.

日本施設園芸協会, 1997, 最新施設園芸の環境制御技術, 誠文堂新光社.

第10章

中野明正ら監訳, 2017, 環境制御のための植物生理, 農文協.

斉藤章, 2015, ハウスの環境制御ガイドブック, 農文協.

久米篤ら監訳, 2017, 植物と微気象（第3版）, 森北出版.

第11章

中野明正ら, 2020, 機能性野菜の教科書, 誠文堂新光社.

中野明正ら, 2020, トマトの生産技術, 誠文堂新光社.

中野明正, 2012, インテグレーテッド有機農業論, 誠文堂新光社.

中野明正, 2010, 栽培履歴, 食品表示を裏づける分析技術, 東京電機大学出版局.

第12章

中野明正ら, 2020, トマトの生産技術, 誠文堂新光社.

ンが生成され、これはサラダ菜等の根部褐変を発生させ生産量を低下させる。

第3問 普及させるべき技術については、①技術の安定性、②価格、③付加価値の切り口で述べるとよい。①養液栽培は培養液の調整などに知見を要するので、より簡便な肥料の開発、またその利用法のマニュアル化が必要、②一般にコストが高いのでより安価なシステムの開発、③例えば高糖度トマトや低カリウムレタスなど生産物が付加価値を持つようなノウハウも合わせて導入するとよい。

第9章

第1問 日射量だけが制限要因と仮定すると、75t/10a/年 × 100/75 = 100t/10a/年となり、日本では現状の10倍以上収穫できることになる。これは気温やCO_2や、施肥条件など他の環境因子が制限していると考えられる。

第2問 $Y=7.50 \times 10^{-4} \times 1{,}000+0.148 = 0.898\text{kg} \cdot \text{m}^{-2}$。

第3問 メリットとしては、農地の有効活用が図られること、化石燃料に依存しない社会の構築に資することがある。デメリットとしては、設置コストがかかること、太陽光パネルの下での生産は日射が制限されるため、適用できる品目が限られていることなどが考えられる。例えば、このようなデメリットを改善でき、生産性を向上させる潅水装置などの設置が考えらえる。

第10章

第1問 炭素の原子量12、酸素の原子量は16なので、二酸化炭素（CO_2）の原子量は44となる。100kgの残渣のうち、5kgが炭素である。それがCO_2になるので、全部酸化分解したとして、5 × 44/12 = 18.3kgのCO_2が発生する。

第2問 10aの面積を6時間施用する場合、CO_2は3kg × 6/h = 18kg必要である。前の計算から、新鮮な廃棄物100kgからは18kgのCO_2が発生するので、約10aの施肥量に相当する。

第3問 オランダと日本では、①気象条件、②品種、③環境制御が違う。①オランダは冷涼で低湿で環境制御が容易である。②オランダ品種は糖度が低いが収量が多いものが多い。また、房どり品種が大半で、効率的な生産が実施されている。③環境制御はガラスハウスなど光環境が良い、養液栽培、CO_2施用が標準的に実施されている。これらの技術を統合的に取り入れることでオランダ並みの収量が達成できることは、大学、研究機関、民間で実証された。今後は品質の高さ、品目の多様性、信頼性確保（トレーサビリティー）など、日本の強みを発揮できる生産流通体制の整備で、輸出等にもチャレンジする。

第11章

第1問 6,000,000,000kg /365日/120,000,000人 = 0.137kgである。毎日おにぎり1つを捨てているようなイメージである。

第2問 100g × 10/12 = 83gのホウレンソウ。この程度の量であれば、毎日食べることは可能である。

第3問 ①販売上は消費期限の検討をする。②技術開発としては、鮮度保持技術や新たな冷凍食品を開発する、③しくみの上では、生産から流通まで一貫した情報活用を推進しデータでつなげ、消費から生産量の制御を行うようなしくみを充実させる。以上のような取り組みを総合的に実施して、フードロスを削減する。

第4章

第1問 短日植物にはキク、レタス、イネ、長日植物にはキャベツ、ブロッコリー、ホウレンソウ、中性植物にはトマト、トウモロコシがある。

第2問 トマトは着花から収穫まで、夏季40日（＝1,200/30)、冬季60日（＝1,200/20）必要となる。

第3問 イチゴは短日植物であるため、日長に反応しないような四季成り性品種を使って生産技術を行い、夏に出荷をする。生産が増えるには良食味である必要がある。夏のイチゴは糖の蓄積が相対的に少なく、酸味が強くなるので、消費者ニーズに合わせた品種開発が必要である。また、夏季の流通は品質の低下が著しい。コールドチェーンの確保も生産と合わせて意識する。

第5章

第1問 4.2＝log h なので、h=15,848cmの水柱の高さの圧力ということになる。1気圧は10.366 m の水柱の圧力と0.1013MPaに相当するという関係から、pF4.2は、-1.55MPaに相当する。これは萎れが戻らない、永久萎凋点相当の圧力である。

第2問 0.15万円×1,000時間=150万円。3tイチゴを収獲し、1kg1,000円で売れたとして、3,000×0.1＝300万円、つまり売り上げの半分は雇用賃になってしまう。

第3問 5Sは、整理、整頓、清掃、清潔、しつけの頭文字。これらの徹底は、①作業者の安全を確保するためである。圃場および収穫調整の施設が片付いていないと、事故が起こる原因となる。つまずいてケガをしたり、滑って転倒するなどしたりする、労働災害を未然に防ぐことが管理者として重要である。②病害虫の発生を防ぐのに効果がある。隙間を閉じることにより病害虫の侵入を未然に防ぐことができる。事後の対処よりも事前の対処の方が効率もよい。③コストの低減の効果がある。物品の管理が行き届き、補充などが速やかにできる。出荷管理などが的確にできるようになる。以上、5Sの徹底は労働および経営上きわめて重要である。

第6章

第1問 10×100×1,000×0.1＝10万粒が採種できる。

第2問 80×（1/2）×（1/2)^2＝10。このように保管が悪いと発芽率は10%に落ちる。

第7章

第1問 肥料に記述されている「リン酸（リンサン)」は、P_2O_5の量として示されている。そのため、その中でのPそのものの割合は、P×2/（P×2+O×5）＝62/142＝0.437である。そのため、P_2O_5中のPは2.8kg×0.437＝1.22kgである。

第2問 0.3kgの約3.3倍施用しないと、100kgの生産量は得られない。つまり、この場合100kgのトマトを生産するには、1kgの窒素肥料を施用する必要がある。

第8章

第1問 2 L×2,000本×0.1＝400 L、この時期には毎日400 Lの排液が出る。

第2問 消毒後は、十分に次亜塩素酸が残らないようにハイドロサルファイトなど還元剤を添加する。塩素が残留すると、培養液中のアンモニウムイオンと反応してクロラミ

クイズの解答例と解説

第1章

第1問　1,000万円分のトマトは10,000,000/100＝100,000個、1個100gつまり0.1kgとすると、100,000×0.1kg＝10,000kg、1,000kgは1tなので、10tは生産する必要がある。もちろん、実際の栽培は100％商品になるわけではない。そして、実際の経営では、労務費、光熱費、固定資産も考慮する必要がある。これについては、第2章で詳しく解説する。

第2問　70万t/10t=7万人。実際の日本のトマト生産者は2万人といわれている。一方で、オランダのトマト生産量は日本とほぼ同じであるが、生産者は200人といわれている。いかにオランダのトマト生産能力が高いかが理解できる。

第3問　これについてはいくつかあるが、①価格が下がると購買量は増え、消費量が増えることも考えられる。②品質を上げておいしいトマトをつくる。おいしい商品は購入頻度も高まる。③健康機能など、新しい付加価値のアピールにより新たな消費を喚起する。

第2章

第1問　(100－50）／100＝0.5で50％が利益率ということになる。

第2問　前から、1,000円、高騰、300円、下落。露地栽培では気象災害等により、収量が減り市場価格は高騰する。一方で暖冬など、生育が進み収量が増加すると、一気に値段が低下する。このように、露地野菜では特に価格の高低差が大きいため、価格安定制度（159ページ参照）などで需給の安定を図っている。

第3問　100gのトマト1つを作るのに、暖房が必要な時期ではおおよそ38mL（0.038L）の重油が必要ということになる（3,000L/8,000kg)。また、60円/Lなので、2.3円となる。販売価格100円に対する割合としては、2.3/100＝2.3％。重油を使用しないことが、環境にも経営にもやさしいということがわかる。

第3章

第1問　10aは1,000㎡で、それぞれ10本必要なので、POで20万円、フッ素フィルムで100万円必要である。1年当たり、POでもフッ素フィルムで5万円/年となる。

第2問　レタス3,000株の生産に30×6,000＝18万円電気代がかかるので、60円/株となる。レタス1株の販売価格は200円とするとイメージが湧く。

第3問　農業施設の災害対策については、①気象情報等の活用、②ハウス自体の補強等、③保険制度の活用が考えられる。①については、気象庁が発する、特別警報、警報、注意報等の情報収集に努める。②については、強風の場合はハウスの隙間をチェックし、バタつきを抑える工夫をする。また、換気扇を活用してハウス内を陰圧にすることも有効である。大雪には、事前にハウスの補強を行う。暖房用燃料の補充を確認し、すでに降雪がある場合は、安全に注意しつつ可能な限り谷樋部の除雪を実施する。③については、園芸施設共済と収入保険があるが、このような農業保険では掛金の原則50％を国が負担するので、今後も起こり得る自然災害等に備えて、公的な保険制度である農業保険に加入する。

安定同位体：同位体（同一の原子番号を持つものの中性子数が異なる核種）のうち、自然界で放射能を放出しないもの。放射性同位体（ラジオ・アイソトープ）と対比される。

GABA（γ-amino butyric acid）：γ-アミノ酪酸は、高い血圧を低下させる効果が認められている。通常の食品にも含まれる成分であるが、ゲノム編集ギャバトマトの社会実装も進みつつある。日本では、ゲノム編集は遺伝子組換えではないという判断である。

ゲノム編集：特定の遺伝子の目的とする場所を高い精度で切断するなどして、遺伝子が担う形質を改良する技術。

ソラニン：solanine　主にナス科の植物に含まれるステロイドアルカロイドの1種。ジャガイモの表皮や芽、ホオズキ等に含まれる。トマトの葉には類似物質のトマチンが含まれる。現在はポテトグリコアルカロイド（PGA）と呼ばれ、それにはα-ソラニンとα-チャコニンが含まれる。

乾式と湿式輸送：切花を段ボールなどに詰めて水を供給しない乾式輸送と、縦箱の下にバケットを設置するなどして水を供給しながら輸送する湿式輸送がある。

CA貯蔵：Controlled Atmosphere　庫内空気中の酸素を減らして二酸化炭素を増やし、かつ温度を低くする、野菜や果樹の貯蔵法。呼吸作用を抑制し、糖や酸の消耗を防止するので鮮度の保持期間が大幅に延長された。

1-MCP（1-methylcyclopropene）：植物の成長制御をする化学合成物質。果実の成熟や傷みを抑える薬剤として広く普及している。

第12章　みらいの施設園芸

インドアファーミング：indoor farming　室内農業と訳される。LED等人工光を使用して養液栽培で行われるのが一般的。vertical farming（垂直農業）は、積み重なる多層栽培の形態が強調された表現であるが、いずれも人工光型植物工場（PFAL）と同義語である。

トマト70t：10a当たり、1年当たりの生産量を示す。実証レベルでのトマトの生物ポテンシャルとしては200t/10a/年と考えられている。

AI：Artificial Intelligence　人間にしかできなかったような高度に知的な作業や判断をコンピュータが行えるようにしたもの。

カスタムメイド：custom-made　利用者に合わせて製品を作成し提供すること。オーダーメードは和製英語である。

CPS：Cyber Physical System　Cyber（仮想）空間にPhysical（現実）の情報を取り込み、コンピュータで解析して現実世界を最適化するしくみ。

生育シミュレーション：日射や温度などの環境情報から、野菜など植物の生産量等を計算上予測すること。

ユネスコ無形文化遺産：形のない文化で、土地の歴史や生活風習などと密接に関わっているもののこと。

IoT：Internet of Things　モノのインターネットと呼ばれ、モノがネットワークを通じてサーバーやクラウドと接続して相互に情報交換をするしくみ。

AGV：Automatic Guided Vehicle　無人走行する搬送用台車などのこと。

NSP：New Sand Ponics または Natural Supply Ponics。前者は住友電工が開発した砂栽培システムのことであり、事業を継承したヤンマーグリーンシステムは自然給液栽培装置として生産販売している。

JAXA：宇宙航空研究開発機構は、2003年に宇宙科学研究所（ISAS）、航空宇宙技術研究所（NAL）、宇宙開発事業団（NASDA）の3機関が統合して誕生した組織。政府全体の宇宙開発利用を技術で支える中核的実施機関。

第10章　地上部環境制御のきほん（CO_2・気流・統合環境制御）

CHP：Combined Heat Power　欧米では一般にCHPと呼ばれ、熱電併給システムと訳される。日本語としてはコージェネレーション（Cogeneration）がより一般的である。施設生産には発生するCO_2も利用するので、トリジェネレーション（Trigeneration）とも呼ばれる。

CO_2発生器：比較的小規模のハウスでは、灯油またはプロパンガス（LPG、下記参照）を燃焼させ、そのCO_2の供給によって光合成を促進させ、増収や品質向上が見込まれる「光合成促進機」が普及している。

LPG（LPガス）：Liquefied Petroleum Gas　プロパンとブタンを液化したものを液化石油ガスと称する。液化すると体積は気体の1/250になる。一般家庭では液化プロパンガス、簡易ライターは液化ブタンガスが多い。

循環扇：ハウス内の空気の攪拌を目的に利用される扇風機。適切に空気を動かすことで、温度ムラの解消、病害発生の抑制効果が認められる。

グリーン成長戦略：2020年10月、日本は「2050 年カーボンニュートラル」を宣言した。これに向かい「経済と環境の好循環」を作っていく産業政策が必要であり、これを「グリーン成長戦略」と称する。

バイオマス：biomass　生態学で、特定の時点においてある空間に存在する生物（バイオ）の量を、物質（マス）の量として表現し、質量やエネルギー量で数値化する。

葉面境界層：leaf boundary layer　葉の表面に沿って空気が動く時、表面に接するごく薄い層の中で流速が急激に減少する。この流体の層のこと。

転流：translocation　植物体で、光合成産物や栄養塩類等が、ある器官・組織から他の器官・組織に輸送されること。

ポテンシャル収量：日射、温度、湿度など、その地域で想定される環境条件が最適化された時に、得られる最大収量のこと。例えば、日射が半分の地域は、他の環境因子が最適化されても、理論的に収量は半分になる。

第11章　農産物品質のきほん

GAP：Good Agricultural Practicesの略語で、適正農業規範ともいわれる。多くの農業者や産地が取り入れることにより、結果として①持続性の確保、②品質の向上、③農業経営の改善や効率化、その結果として、④消費者や実需者の信頼の確保、⑤競争力の強化に資する。

IPM：Integrated Pest Managementの略語で、耕種的防除、物理的防除、生物的防除、化学的防除等多様な防除技術を、経済性を考慮しつつ、総合的に講じることで、病害虫・雑草の発生を抑える技術。

HACCP：HACCP（ハサップ）は「Hazard（危害）」「Analysis（分析）」「Critical（重要）」「Control（管理）」「Point（点）」の5つの単語の頭文字を示す。危害分析では、生産者などから農産物を仕入れる段階から加工品出荷までの、微生物や異物の混入などの危険要因を特定する。重要管理点は食品の安全性を確保するため、特に重要に管理する必要のある工程と管理基準を明確にすることを示している。

Society5.0：狩猟社会（Society 1.0）、農耕社会（Society 2.0）、工業社会（Society 3.0）、情報社会（Society 4.0）に続く、『サイバー空間（仮想空間）とフィジカル空間（現実空間）を高度に融合させたシステムにより、経済発展と社会的課題の解決を両立する、人間中心の社会のこと』で、第5期科学技術基本計画（2016～2020年度）において我が国が目指すべき未来社会の姿として提唱された考え方。

二次代謝産物：secondary metabolite　植物の生命維持に直接的には不必要であるが、数万種と多様な代謝物として植物体内に蓄積されている。

重炭酸イオン：培養液の重炭酸イオン濃度が高いほどpHが下がりにくくなり、多量のpH調整剤を投入する必要がある。この結果pH調整剤として添加される成分がEC値を上げ、他の成分とのバランスが崩れる場合もある。そのため重炭酸イオン濃度を測定し、加えるpH調整剤の濃度も加味して組成を組む。具体的には、硝酸やリン酸で中和して重炭酸イオン濃度を20～50ppm程度まで下げておくとよい。

必須元素：植物の必須元素は17ある。必要とされる量の多さから、炭素、酸素、水素、窒素、リン、カリウム、カルシウム、マグネシウム、イオウの9元素は多量要素と呼ばれる。このうち炭素は二酸化炭素として、HとOは主に水として植物に取り込まれる。また、鉄、銅、マンガン、亜鉛、ホウ素、モリブデン、塩素、ニッケルは、要求量が比較的少ないため微量要素といわれる。Niは最近必須性が認められたが、通常は養液栽培でわざわざ添加しなくても、欠乏症状は発生しない。C、H、O、Niを除いた13種類の元素が培養液として与えられる。

ケミクロンG：中性次亜鉛素酸カルシウムを主成分とし、有効塩素70%である。強力な酸化剤であり、農業用資材の消毒で使用される。塩素剤の残留は、次作の障害につながる可能性がある（151ページ、復習クイズ第2問の解説参照）。

第9章　地上部環境制御のきほん（光・温度・湿度）

C_3植物、C_4植物：C_3植物は、炭素同化後の最初の産物が3つの炭素を持つ分子を作る植物で、トマト、キュウリ、ホウレンソウなど、ほとんどの園芸作物はこれに属する。C_4植物は、C_3サイクルの前に4つの炭素を持つ分子を作る植物で、サトウキビ、ソルガム、トウモロコシなどがある。

CAM植物：Crassulacean Acid Metabolism（CAM）　ベンケイソウ型有機酸代謝は夜間にCO_2を吸収し、これを昼間に気孔を閉じたまま利用することで水利用効率を高めている植物で、パインアップル、ラン、サボテンなどがある。

lx（ルクス）：古い文献などで用いられる照度（lx）は、535nmにピークがある人間の視感度に基づく測定であるので、光合成関係の測定には現在不適とされる。光源の種類ごとに換算係数があるが目安である。LEDでは波長分布により異なる。50とすると、10万lxは2,000μmol m^{-2} s^{-1}となる。昔の文献を参照する場合の参考になる。

光量子束密度：Photosynthetic Photon Flex Density（PPFD）（mol m^{-2} s^{-1}）　植物が光合成に利用する波長の光を、単位時間、単位面積で受ける光子の量として表現。太陽の直射日光のPPFDは約 2000 μmol m^{-2} s^{-1}、曇りの日のPPFDは約100μmol m^{-2} s^{-1}程度である。

赤色LED：赤色のみでもかなり植物は生育するが、色が無いと形態形成に異常をきたす場合がほとんどである。赤色と青色の両方を使うと植物を効率よく育てられる。光合成の有効スペクトルからもわかるように、緑色の光も光合成に有効であり、群落内に届いて光合成に利用される。

LAI：LAIはいわば空間に占める葉の「濃度」に相当する。つまり、溶液の濃度を測定する時に使用する吸光度計の原理と同じで、ベーア・ランベールの法則が成り立ち、それが群落へ差し込む光に対し成立している。

DIF：Difference between day and night temperature　昼温から夜温を引いて求める。多くの園芸作物でDIFの反応が認められ、DIFの値がマイナスになると草丈が抑制される。

細霧冷房：施設内の気温を下げる方法として、ノズルから細かい粒子の水を噴霧し、水が蒸発する際に周囲の熱を奪うという「気化冷却現象」を利用して気温を低下させる技術。

パッド&ファン：水で湿らせたパッドに送風することで加湿冷却空気をハウス内に導入する比較的低コストな簡易冷房装置である。パッドから遠ざかる程冷却効果が低下するので、その点を留意して設置するとよい。

して販売されている。

形質：traitまたはcharacterは、生物の持つ性質や特徴のこと。遺伝によって子孫に伝えられる形質を特に遺伝形質という。

在来品種：local variety　地域で長年継続的に維持、生産されてきた品種。

固定品種：その子孫が世代を経ても遺伝的な形質が変化しないように固定した品種のこと。ただし、一般的には他の品種と交雑する作物では全く同じように形質を維持することは難しいので、実用に支障がない程度の雑種性を持たせている。

品種の退化：他品種との交雑により品種の均一性が失われること。

顕性と潜性：「優性」（dominant）や「劣性」（recessive）の用語は遺伝子に優劣があるとの誤解が生じるとして、「顕性」「潜性」という表現になった。

ルテイン：緑黄色野菜に多く含まれるカロテノイドの一種。黄色、オレンジ、赤色の脂溶性色素であり、ヒトの身体には眼や皮膚、脳などに存在している。特に眼には多くのルテインが存在している。

第7章　施肥のきほん

肥料：肥料とは植物を構成する元素成分を含み、それが直接栄養となって植物を生長させるものである。そのため、植物の持つ生理的機能を高め、それにより生育を促すような間接的なものは肥料とはいわない。また、かつては土壌に施されるもののみを肥料としていたが、葉面散布の普及に伴い、植物に施されるものも対象とするようになった。

肥効調節型肥料：肥効（肥料の効果）を持続させるために、様々な方法で肥料成分の溶出を調節した肥料のこと。露地畑では、施肥直後の降雨や長雨等による肥料成分の溶脱や表面流去による損失が生じる。施設栽培においても、場合によってはアンモニア揮散や急激な硝酸化成による肥料成分の損失が起こることがある。肥効調節型肥料は、こうした肥料成分の流出を防ぐことにより効率的な肥料の利用が可能となるため、減肥や追肥回数の削減が可能となる。従来の肥料は全量基肥施用により濃度障害を生じることがあったが、肥効調節型肥料は施肥初期の肥効が抑えられ濃度障害が回避できるので、全量基肥施用が可能となった。

ファーティゲーション：fertigation　潅水同時施肥。fertilizaion（施肥）と irrigation（潅漑）の合成語がfertigationであるとすると、潅水同時施肥という訳語は本来の意味を限定している。

第8章　養液栽培のきほん

養液栽培：hydroponics、solution culture、soil lesscultre　水に肥料成分を溶解させた溶液（養液）で植物を栽培する方法。培地を使用しない、いわゆる「水耕栽培」と、培地を使用する「培地耕」がある。溶液栽培（Solution culture）は同音語であるが、養液栽培と同じと認識されている。

フィールド養液栽培：底面給液型で、露地でも設置できる養液栽培システム。機器が不要で、導入コストが比較的安価である。また、養液供給に電気が不要で水の供給さえあれば栽培可能である。さらに、栽培に必要な量だけ養液を供給するため、排液を外に出さないことも可能である。

（養液栽培における）病害：野菜・花き類の養液栽培では高温期にピシウム菌による病害が発生する。これらの病原菌は養液を通じて施設全体に広がるため、発見が遅れると防除が困難となる。日々の観察が重要である。

UVカットフィルム：有色系のレタスやナスなどを栽培する場合は着色が悪くなる場合があるので、展張には注意が必要。

水耕栽培：water culture、hydorponics　養液栽培のうち、固形培地を用いないもの。

噴霧耕：fog culture、spray culture、spray hydroponics　根に対して霧状または粒状の養液を散布して生育させる手法。水耕栽培の一種。

を行うことは経済的に見合わない。一方で、高温時は日平均気温を下げることでも効果があることから、より気温の下げやすい夜間冷房は技術として合理性がある。

フロリゲン：日長の変化を感じた葉で作られ、篩管を通って茎頂まで運ばれ、茎頂で花芽の形成を促す、いわゆる「花成ホルモン」。2013年には、日長に反応してキクの葉で合成され、花を咲かせないように作用する「花成抑制ホルモン」（アンチフロリゲン）を作る遺伝子が発見されている。

短日植物：キク、レタス、イネは、夜がある長さを超えると花成が促進される。一方、長日植物にはキャベツ、ホウレンソウがある。暗期の長さとは無関係に花芽が形成される中性植物として、トマトやトウモロコシがある。

第5章　作業のきほん

乾熱処理：種子殺菌法のひとつ。通常、70°C前後の温度で1日程度処理されるが、処理温度と処理時間は作物と病原体の組合せによってそれぞれ異なる。有機農業では有機種子を求める場合もあり、重要な技術であるが、処理を間違うと、種子自体が発芽しなくなるので条件は慎重に決める。

消毒：disinfection　作物に有害な物質や生物を除去または無害化すること。狭義では病原微生物を殺すこと、または病原微生物の能力を減退させ病原性をなくすこと。必ずしも無菌にすることではない。

発芽勢：種子は揃って一斉に発芽することが望ましい。この揃いの度合いが発芽勢である。統一的な定義はないが、発芽適温で、播種後5日以内に発芽した割合を、播種後14日以内で発芽したものの割合（発芽率）で除した値は、発芽の揃いの指標になる。レタスでは、それぞれ4日と7日等で評価する事例がある。

培地：「培養土」ともいい「床土」も類語である。「培土」というと農学用語では「土寄せ」などの作業のことを示すので、基本的には誤用であるが、「培地」の同意語として市民権を得つつある。なるべく「培養土」または「培地」を使う方がよい。特に養液栽培では「培地」という用語が一般的である。

隔離床栽培：栽培に用いる土壌が地床から隔離された栽培法。根域制限栽培の一種。

pF：pF=log h（cmでの水中の高さ）であり、土壌が水を引き付ける力である。値が大きいほど、土壌が乾燥している。

奇形果：病気や環境が原因となる果実の変形。株が元気がない時は病気の可能性が高く、生育が旺盛すぎる場合も発生する。

暗黙知：経験的に使っている知識だが言語化できない知識のこと。

体験：体験は自分が身をもって感じるところに重点がある。経験は行為によって得た知識や技能なども指す。

第6章　品種活用のきほん

種：種子。植物学上は、種子とは胚珠が発達したものである。大部分の種子植物の胚珠は、受精の後、成熟して種子になるが、単為生殖（受精せずに）胚珠がそのまま発育して種子になることもある。

匐枝：ランナーという呼び方が一般的。枝を伸ばして、そこに新しい個体を発生する。最初を「太郎（苗）」、その次を「二郎（苗）」などと呼ぶことがある。

世代促進：一般的に、植物は栄養生長と生殖生長を経て、次世代の種子を残す。これらの期間を短く早くすることにより育種の効率を上げること。近年は人工光植物工場の発達で育種への応用が進む。

植物の新品種の保護に関する国際条約：UPOV条約（UPOVは本条約を管理する植物新品種保護国際同盟の仏文略称）。

一般品種：在来種や品種登録されたことがない品種、または品種登録期間が切れた品種を示す。

増殖：登録品種の増殖用の親株や種イモは、農業者が自分で栽培するための増殖が許諾された種苗と

イチゴの輸出：香港へは関税がない上、日本の港で植物検疫を受けずに輸出可能であるため、日本からの輸出の8割を占める。台湾、シンガポールなど富裕層の多い国がターゲットとなっている。

スケールメリット：規模を大きくすることで得られる効果や利益のこと。実は和製英語であり、英語ではadvantage of scaleという。

5S：職場の管理の基盤づくりの活動のポイントである「整理」「整頓」「清掃」「清潔」「しつけ」の頭文字の5つの「S」に由来する。

フローチャート：プロセスの各ステップを箱で表し、流れをそれらの箱の間の矢印で表すことで、わかりやすくする図のこと。整理し図示すると伝わりやすくなる。

第3章　施設構造と種類のきほん

筋交い（ブレース）：英語はbrace。柱と柱の間に斜めに入れて建築物や足場の構造を補強する部材のこと。

スリークオーター型温室：天井の3/4（スリークオーター）が南面を向いていることで採光率を10%程度向上させた温室。特にメロンは、光の少ない冬にも栽培できるように、静岡などを中心に導入が進んだ。最近では高級メロンの消費が低迷し、温室メロンは苦境に立たされている。

フッ素系フィルム：AGCグリーンテック（株）の「エフクリーン」など、軽く長期展張に耐える良質の被覆資材が開発されている。一方で、フッ素を含むため、通常の廃棄はできないなど処理に注意する必要がある。

八角パイプ：耐候性の基準をクリアするために、各社で様々なアイデアが実現されている。八角パイプは丸パイプに比べて単体強度が1.5倍になるとともに、丸パイプ同士の点接点から面接点になることでパイプの結着力も1.2倍になっている。各社の創意工夫の結晶が施設園芸を発展させる。

アーチゴシック型：アーチが合わさって先頭部分が丸くなく、尖っている構造。

自然換気：ハウス天井や側面に設置された換気窓を開閉することでの換気、天候条件に左右されやすい。

トラス型：部材をピンでとめて三角形を作り、その三角形の集合体によって建築物を作る形式のこと。構造強化の基本的な考えのひとつ。

JAS：Japanese Agricultural Standard　日本農林規格のこと。昭和25年（1950年）制定の「農林物資の規格化及び品質表示の適正化に関する法律」（JAS法）に基づき、農林物資の品質の改善、取引の単純公正化、生産・消費の合理化を図って制定された規格。

第4章　作型開発のきほん

生食用と加工用：生食用はそのまま食するとおいしい野菜。加工用は、加工や調理して食するとおいしい野菜。

接ぎ木：2個以上の植物体を、人為的に作った切断部位に接着して、1つの個体とすること。果実などをつける方を穂木、根部を台木という。

気候区分：日本列島は南北に長く、北は亜寒帯から南は亜熱帯まで、また山脈により日本海側と太平洋側が分けられるため、狭い国土に多様な気候がある。

マルチ：畑などの土壌をフィルム等で被覆して栽培する方法。地温の調節、雑草の抑制、土壌水分の保持の効果がある。

低段栽培：1970年代から使用されているが、「低い段」というのは日本語としておかしいという指摘もある。長期多段栽培は、略して「長段」栽培とされることもあり、合理的であるが、それの対語とするなら短期少段で「短段」栽培であるだろう。新しい言葉は完全な合理性をもって作られていくわけではない。現状、「低段栽培」や「低段密植栽培」は施設園芸では定着した言葉となっている。

夜間冷房：太陽光型植物工場では、日中は太陽からの光エネルギー流入が多く、現状では日中の冷房

用語解説

第１章　施設園芸の歴史と現状

ビニルハウス：正確にはプラスチックハウス。ビニルとは、ビニル基を持つ物質に限っていうべきであるが（ポリオレフィンフィルムはビニルではない）、日常の用語としては、ポリ塩化ビニル以外の軟質プラスチックも全て「ビニール」と呼ぶ例も多い。これは日本独特の表現である。

温室：「温」には、その施設の役割が温めることにあるとの印象を与えることから、冷房も行う高度な環境制御のイメージと乖離しているとの意見もあるが、「温」については「穏やか」との意味もあり、環境を制御して植物に適する「穏やかな」環境にするということから妥当な用語であるとの意見もある。

農地法：農地法は時代の要請を受け、これまでにも何度か改正された。施設に関係する農地法の動きとしては、個人による農地の取得面積が緩和されたり、株式会社などの一般法人でも農地を所有できるようになったりと、大きな改正も行われてきた。最近では、2018年に改正農地法が施行され、条件を満たせば全面コンクリート張りの農業用ハウスも農地として認められるようになった。それまではハウスなどの農業用施設の底面を全面コンクリート張りにするために「農地転用許可」を受ける必要があり、コンクリート張りにすると農地ではなくなるために固定資産税も増えた。今回の改正で「農作物栽培高度化施設」という基準が新設され、「農作物の栽培の用に供する施設であって農作物の栽培の効率化または高度化を図るためのもののうち周辺の農地に係る営農条件に支障を生ずるおそれがないものとして農林水産省が定めるもの」を「農作物栽培高度化施設」として認定されると、施設の底面をコンクリートやそれに類するもので覆っても、農作物を栽培する場合には「耕作」と認められることになった。ただし、①事前に農業委員会へ届け出る、また②認定後長期間にわたって農作物の栽培を行わない場合には、農業委員会から勧告を受ける対象になる。

スマートフードチェーン：生産から流通、加工、消費まで、それぞれのデータを相互に活用し、トータルで効率化を図るしくみ。フードロスを減少できる。

油紙障子かけフレーム促成栽培：木枠に油紙を張って、植物体を覆い生育を早める栽培法。

石油ショック：1973年に第4次中東戦争を機に第1次、1979年にイラン革命を機に第2次が始まった、原油の供給逼迫および原油価格高騰と、それによる世界の経済混乱のこと。

周年安定供給：1年を通じて農産物などを消費者に供給すること。

スマート農業：ロボット・AI・IoT等の先端技術を活用して、省力化・精密化や高品質生産等を実現する新たな農業のこと。

栽植密度：作物を植える密度のこと。面積（㎡または10a）当たりの株数等で表す。

第２章　経営と管理のきほん

仕入れ単価：仕入れ単価とは、販売店が、この場合は野菜を購入した時の１つの値段のことをいう。利益率＝（売値－仕入れ値）／売値。

キャッシュ・フロー：現金流量とは現金の流れを意味し、主に企業活動によって実際に得られた収入から外部への支出を差し引いて手元に残る資金の流れのこと。

価格安定制度：野菜の価格を安定させる制度で、いくつかの事業が実施されている。例えば、指定野菜価格安定対策事業では、対象野菜（14品目）の価格が著しく低落した場合、野菜経営に及ぼす影響を緩和するため、生産者、道府県および国があらかじめ積み立てた資金を財源として、生産者に対して補給金を交付する事業である。

プロフィール

中野明正（なかの・あきまさ）

千葉大学 学術研究・イノベーション推進機構 特任教授

山口県宇部市出身。1990年九州大学農学部農芸化学科卒業、1992年京都大学大学院農学研究科修了、農学博士（名古屋大学）。1995年農林水産省入省、農業環境技術研究所、農研機構において園芸作物の生産技術に関する研究に従事。その間、農林水産省農林水産技術会議事務局で研究調査官・研究開発課課長補佐を務める。2012年から農研機構施設野菜生産プロジェクトリーダー、2017年から農林水産省農林水産技術会議事務局研究調整官（園芸、ゲノム、基礎・基盤担当）を務め、プログラムオフィサーとして「スマート育種」を推進。同省生産局園芸作物課では「スマート農業」を推進。2020年より現職。

STAFF

カバー・本文デザイン・図版　岸博久（メルシング）

編集協力　戸村悦子

イラスト　プラスアルファ

作型《さくがた》から品種《ひんしゅ》・施肥《せひ》・温湿度管理《おんしつどかんり》・養液栽培《ようえきさいばい》・経営《けいえい》まで

図解《ずかい》でよくわかる**施設園芸《しせつえんげい》のきほん**

2021年8月10日　発　行　　NDC 626.1

著　者　中野《なかの》 明正《あきまさ》

発行者　小川 雄一

発行所　株式会社 誠文堂新光社

〒113-0033　東京都文京区本郷3-3-11

（編集）電話 03-5800-3625

（販売）電話 03-5800-5780

https://www.seibundo-shinkosha.net/

印　刷　広研印刷 株式会社

製　本　和光堂 株式会社

ISBN978-4-416-62112-7